Standardmerkmale des Yorkshire Terriers

Hinterhand
Von hinten gesehen ganz gerade Läufe, mäßig gewinkelte Kniegelenke. Von diesen an abwärts gut bedeckt von Haar von satter goldener Lohfarbe, das an den Spitzen einige Schattierungen heller ist als am Ansatz.

Haar
Das Körperhaar ist dunkel-stahlblau, mäßig lang, vollkommen gerade (nicht wellig), glänzend, von feiner, seidiger Textur, keinesfalls wollig. Das lange Kopfhaar zeigt eine satte, goldene Lohfarbe, die an den Kopfseiten, am Ohransatz und am Fang noch intensiver ist; hier sollte das Haar besonders lang sein. Die Lohfarbe am Kopf darf sich nicht bis in den Nacken ausdehnen und darf nicht mit irgendwelchen dunklen, rußigen Haaren vermischt sein.

Rute
In Ländern ohne gesetzliches Rutenkupierverbot auf eine mittlere Länge kupiert, reich bedeckt von Haar, das dunkler blau ist als das übrige Körperhaar, besonders an der Rutenspitze. Etwas oberhalb der Rückenlinie getragen.

Farbe
Dunkel-stahlblau (nicht silberblau) vom Hinterhauptbein bis zum Rutenansatz; niemals mit falbfarbenen, bronzenen oder dunkleren Haaren vermischt. Das Haar an der Brust ist von satter, leuchtender Lohfarbe. Alle lohfarbenen Haare sind am Ansatz dunkel und werden zur Spitze hin allmählich heller.

Pfoten
Rund; Nägel schwarz.

Fotonachweis:

Norvia Behling
Carolina Biological Supply
Liza Clancy
Doskocil
Isabelle Francais
James Hayden-Yoav
James R. Hayden, RBP
Carol Ann Johnson
Dwight R. Kuhn
Dr. Dennis Kunkel
Mikki Pet Products
Alice Pantfoeder
Phototake
Jean Claude Revy
C. James Webb

Illustrationen Renée Low

Yorkshire Terrier

Rudolf Schließer

Inhaltsverzeichnis

Die Entstehungsgeschichte des Yorkshire Terrier

Während die industrielle Revolution fast überall auf der Welt dazu führte, daß die Menschen nach immer Größerem und Besserem strebten, konzentrierten sich einige geniale Erfinder darauf, etwas Kleineres und Besseres zu schaffen. In diese Kategorie gehört die Rasse des Yorkshire Terriers; er ist eine bemerkenswerte, vom Menschen geschaffene Kreation des mittleren neunzehnten Jahrhunderts, des sogenannten „Jahrhunderts der Kynologie", in dem britische Hundeenthusiasten viele Terriertypen kreuzten, um Hunde zu entwickeln, die genau ihren jeweiligen Bedürfnissen entsprachen.

Der Yorkshire Terrier ist eine einzigartige britische Züchtung und zählt heute weltweit zu den beliebtesten Hunden.

Der English Toy Terrier (Black and Tan), in den USA auch als Toy Manchester Terrier bekannt, könnte einer der Urväter des Yorkshire Terriers gewesen sein....

...ebenso wie der Malteser mit seinem langen, fließenden Haar.

Die Rasse, die wir heutzutage als Yorkshire Terrier kennen, tauchte in ihrer am ehesten als Yorkie erkennbaren Gestalt in den Grafschaften Yorkshire und Lancashire auf. Die ersten Ausstellungen für Zwerghunde gab es 1860, und die „Yorkshires" aus diesen zwei für ihre Textilindustrie bekannten Grafschaften zählten zu den ersten Preisgewinnern.

Welche Rassen genau zur Entstehung des Yorkshire Terriers beitrugen, wird jedoch noch immer heiß diskutiert. Zu den Bewerbern zählen unter anderem der English Toy Terrier, der Malteser, der Skye Terrier, der Dandie Dinmont Terrier und auch zwei ausgestorbene Rassen: der Paisley Terrier und der Clydesdale Terrier. Der Paisley Terrier wird als kleiner und kürzer als der Skye Terrier, mit rauhem Haar von grauer Farbe beschrieben, und auch der Clydesdale Terrier soll dem heutigen Skye Terrier geähnelt haben mit seinen typischen, gut befederten Stehohren, seinem langen Körper und seinem bodenlangen, dunkelblauen Haar mit lohfarbenen Abzeichen an Kopf, Läufen und Pfoten. Sowohl der Clydesdale als auch der Paisley Terrier waren hervorragende Rattenfänger, die von den Bergarbeitern zur Rattenbekämpfung in den Bergwerksschächten eingesetzt wurden. Man sagt, daß der Yorkshire Terrier den Clydesdale, Paisley und Skye Terriern seine Haarlänge verdankt; dem Malteser wird seine geringe Größe und ebenfalls sein Haar zugeschrieben, während der schwarz-lohfarbene English Toy Terrier für seine Farbe verantwortlich sein soll. Die seidige Textur des Yorkie-Haars könnte auf alle langhaarigen Hunde unter seinen Vorfahren zurückzu-

Man nimmt an, daß auch der – eigentlich bedeutend größere – Skye Terrier mit seinen ganz besonderen Farben einen Beitrag zur Entwicklung des Yorkies geleistet hat.

führen sein, obwohl der Paisley und der Clydesdale überwiegend rauhhaarig waren. Wann immer seidenhaarige Welpen in Paisley- oder Clydesdale-Würfen fielen, wurden sie ausgemerzt – bis seidiges Haar geradezu modern wurde. Das Interesse an beiden Rassen sank, und ihre Zahl verringerte sich deutlich.

Der leider ausgestorbene Clydesdale Terrier hatte einige Ähnlichkeit mit dem Yorkie und gehörte vermutlich auch zu dessen Vorfahren. Diese Rasse ist in anderen britischen Terrierrassen aufgegangen.

Obwohl unsere heutigen Yorkshire Terrier vor allem als Ausstellungs- und Begleithunde geschätzt werden, haben sie doch auch in nicht geringem Maße die Jagdinstinkte ihrer Vorfahren im Blut. Die English Toy Terrier, die zur Entstehung des ersten Zuchtstamms hinzugezogen wurden, waren verbissene Rattenfänger, die an der Seite der Bergleute furcht- und gnadenlos ihren Beitrag zur Raubzeugvernichtung leisteten. Diese Hunde töteten Ratten nicht nur, weil das ihre Aufgabe war, sondern darüber hinaus zum – zweifelhaften – Vergnügen ihrer Besitzer. Gegen Ende des neunzehnten Jahrhunderts wurden Wettkämpfe im Rattenbeißen populär, und hierbei erwiesen sich die kleinen, schwarz-lohfarbenen Terrier mit ihrem glatten Haar und ihrem feurigen Temperament als äußerst geschickt. Die Hunde mußten in einem vorgegebenen Zeitrahmen so viele Ratten wie möglich töten. Einige sollen in kaum zehn Minuten mehrere Hundert Ratten erledigt haben! Diese grausamen Vergnügungen wurden zu jener Zeit in gewissen Kreisen ebenso populär wie manche andere abartige „Sportarten" wie z.B. das Bullenbeißen, Hahnenkämpfe und Hundekämpfe.

Dem Engländer Peter Eden aus Manchester wird – vielleicht fälschlicherweise – nachgesagt, daß er der Hauptschöpfer des Yorkshire Terriers gewesen sei, noch bevor die Rasse ihren Namen erhalten hat. Eden war nicht nur als fähiger Züchter von Möpsen und Bulldogs, sondern auch als Richter auf Hundeausstellungen bekannt. Sein wichtigster Deckrüde war „Albert", der schon als junger Hund viele Preise auf Ausstellungen gewonnen hatte. Albert, der als erster Yorkshire Terrier in das Zuchtbuch des Kennel Club eingetragen wurde, trat auf Hundeausstellungen als rauhhaariger Terrier, als Scotch Terrier und auch als Yorkshire Terrier auf. Zweifellos hatte Eden einen beträchtlichen Einfluß auf die Rasse, obwohl er vermutlich nicht

Yorkshire Terrier werden heutzutage überwiegend als friedliche Familienhunde gehalten. Ihre als Rattler tätigen Vorfahren waren erheblich größer als die heutigen Yorkies.

Wußten Sie schon?
Sowohl Hunde als auch Wölfe gehören zu den Caniden. Die wissenschaftliche Bezeichnung des Wolfes ist Canis Lupus, während der Hund als Canis domesticus bekannt ist. Hunde und Wölfe können untereinander gekreuzt werden. Der Ausdruck Canide ist von dem lateinischen Wort Canis („Hund“) abgeleitet. Woher das Wort „Hund“ stammt, ist hingegen niemals wissenschaftlich erforscht worden, obwohl es seit den Anfängen zu unserem Sprachschatz gehört.

der echte Schöpfer des Yorkshire Terriers war. Man sagt, daß er Hunde von den Bewohnern Yorkshires erwarb und diese für seine Zucht benutzte. Sicherlich war er ein begnadeter Züchter. Seine Hunde zählten zu den ersten, die das erwünschte seidige blaue Haar hatten, mit mahagonifarbenen Abzeichen an Kopf und Läufen und dem charakteristischen über den Augen herabhängenden Haarschopf. Tatsächlich taucht Mr. Edens vorzüglicher „Albert“ mehrfach in dem Stammbaum des legendären „Huddersfield Ben“ auf, und zwar als doppelter Ururgroßvater auf der Vater- und auf der Mutterseite! Obwohl Mr. Edens wichtiger Beitrag zur Entwicklung des Yorkshire Terriers ohne Vorbehalt anerkannt wird, werden seine Erfolge im Ausstellungsring noch von Mrs. M.A. Foster übertroffen. Mrs. Foster erwarb Huddersfield Ben und stellte ihn zusammen mit ihren übrigen selbstgezüchteten Hunden voller Enthusiasmus aus. Ben gewann für Mrs. Foster annähernd hundert Preise. Ein anderer von Mrs. Fosters Tophunden war Champion Ted, der fast dreihundert Preise gewann. Er wog ungefähr 2 $^1/_2$ kg und war sechs Jahre lang der Top-Yorkshire Terrier. Er war im Juni 1883 – natürlich als Nachkomme von Ben! – geworfen worden und zu seiner Zeit ein unübertroffener Deckrüde. Mrs. Foster förderte die Rasse vor allem durch ihre glanzvollen Siege im Ausstellungsring; darüber hinaus verstand sie es, vielversprechende Welpen in die Hände von ausstellungsbegeisterten Neulingen zu geben. Mrs. Foster tat schon 1860 genau das, was gute Züchter hoffentlich auch heute für die neuen Besitzer ihrer Hunde tun: Sie ermutigte die neuen Rasseliebhaber und half ihnen mit Rat und Tat, verantwortungsbewußt und rassegerecht für ihre Hunde zu sorgen. Mrs. Foster zog ihre Welpen mit äußerster Sorgfalt auf und zeigte ihre Hunde in bester Kondition und in vorbildlichem Pflegezustand, wobei sie wirklich nur Hunde des erwünschten Rassetyps ausstellte. Ganz anders als manche heutigen Aussteller, die es auch mit einem zweitklassigen Hund versuchen, glänzte Mrs. Foster nur mit vorzüglichen Yorkshire Terriern, ohne jemals mit einem mittelmäßigen Hund aufzufallen. Es war

Dieser Yorkshire Terrier des frühen 20. Jahrhunderts, der Rüde „Sensation“ im Besitz von Mrs. M.A. White, wurde als vorbildlicher Rassevertreter seiner Zeit angesehen.

Im Jahr 1903 wurden Mr. C.E. Firmstones Yorkies bekannt: v.l.n.r. „Mynd Damaris„, „Mynd Idol„ und „The Grand Duke„.

fast eine logische Konsequenz, daß sie die erste Frau war, die die Einladung erhielt, auf einer Hundeausstellung zu richten. Dies geschah im Jahr 1889. Obwohl sie für ihre Erfolge im Ausstellungssport bekannt waren, hatte man nie zuvor von einer Frau gehört, die die Ehre hatte, auf diesem Gebiet tätig zu werden.

Zu diesem Zeitpunkt der Rasseentwicklung betrug das Gewicht der Yorkshire Terrier üblicherweise ungefähr 3 ½ bis 4 ½ kg; dies stellte schon eine deutliche Verminderung gegenüber dem ursprünglichen Gewicht von bis zu knapp 7 kg dar. Diese kleineren Hunde, deren typische Vertreter von Mr. Eden und Mrs. Foster gezüchtet waren, verkörpern die Entwicklungsrichtung der Rasse in ihren ersten Dekaden. Die Vorliebe des Viktorianischen Zeitalters für das Kleine und Schöne hinterließ auch bei dieser Rasse nachhaltige Spuren; es gab nicht selten ausgewachsene Yorkshire Terrier, die nicht mehr als 1 bis 1 ½ kg wogen.

Während die erste Hundeausstellung, die im Jahr 1859 in Newcastle-on-Tyne stattfand, lediglich Klassen für Jagdhunde (Pointer und Setter) anbot, schloß die Ausstellung in Birmingham im darauffolgenden Jahr Zwergterrier mit ein. Übrigens ist Birmingham gegenwärtig der Veranstaltungsort der berühmtesten und ältesten Hundeausstellung, der Crufts Dog Show.

Die Hündin „Ch.Victoria„, gezüchtet von Mrs. A. Swan im Juli 1932, war auf Ausstellungen sehr erfolgreich und gewann u.a acht CCs.

Übrigens...
erschien das einzige bekannte Foto des berühmten Huddersfield Ben in dem ersten Buch über die Rasse, geschrieben von Sam Jessop, mit dem Titel „Der Yorkshire Terrier". Das Bild dieses beeindruckenden Zuchtrüden und charmanten kleinen „Gentleman" ist wenig schmeichelhaft; es wurde nach seinem Tod aufgenommen – ein Tierpräparator hatte ihn ausgestopft!

Zurück zu der Ausstellung von 1860: In den Klassen für Zwergterrier waren auch Yorkshires gemeldet, wenn auch nicht unter diesem Namen. Die meisten Zwerghunde waren in diesen Klassen als Scotch oder rauhhaarige Terrier eingeschrieben. Auch die Vorfahren unserer heutigen Cairn, Scottish, Dandie Dinmont und Skye Terrier tauchten wahrscheinlich in diesen Klassen auf. Erst nach der Gründung des Yorkshire Terrier Clubs im Jahre 1898 traten die Hunde unter dem einheitlichen Rassenamen „Yorkshire Terrier" an. Die Bezeichnung „Zwergterrier" löste bei manchen Rasseinteressenten einen Sturm der Entrüstung aus: Da viele der Urahnen des Yorkies streitbare, rauhhaarige Terrier waren, bevorzugten manche Rasseliebhaber auch den Yorkshire als echten Arbeitsterrier. Das andere Lager jedoch wollte – beeinflußt durch die viktorianischen Ideale – einen winzigen, seidenhaarigen Hund, der eher geschaffen war, den Schoß zu wärmen als die Ställe raubzeugfrei zu halten. Dieses Lager wünschte sich einen Schoßhund, keinen Terrier! Einige Männer aus Yorkshire, fleißige, kluge Hundeleute, die sich dieser Rasse verschrieben hatten, wollten einen fähigen Rattenjäger, der zudem attraktiv aussah. Auf diese Weise wurde die erste Portion „Yorkshire-Pudding" zusammengerührt – man kreuzte die fähigen, furchtlosen rauhhaarigen Terrier mit den kleineren, zwar weniger verbreiteten, jedoch beim Rattenbeißen nicht weniger mutigen Clydesdales. Natürlich mußten zu diesem Rezept noch zahlreiche weitere Zutaten hinzugefügt werden – vermutlich mindestens sechs weitere verschiedene Terriertypen – bevor letztendlich das gewünschte Ziel, der ebenso nützliche wie winzige, durch sein blaues und bronzenes Haarkleid bestechende, charmante Yorkshire Terrier, der dennoch die ihm gestellten Aufgaben erfüllen konnte, erreicht war. Auch der gelegentliche Einwand, daß das lange Haar den Hund bei seiner Arbeit unter der Erde behindere, ist nicht notwendigerweise stichhaltig; einige Rassekenner behaupten sogar,

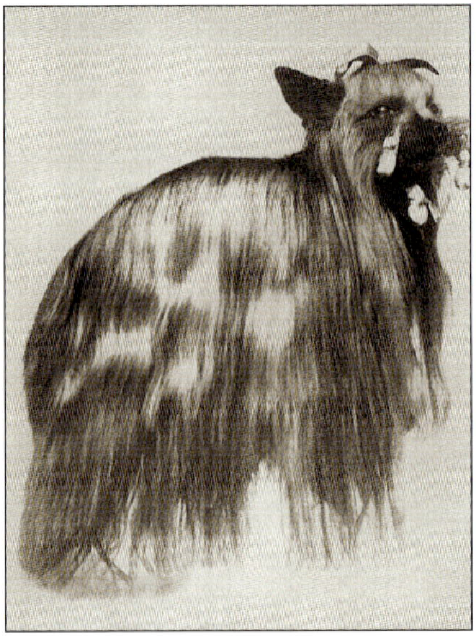

„Ch.Tinker of Glendinan" auf einer Kennel Club Show im Jahr 1933.

daß das lange Haar es den Bergleuten erleichterte, ihre Hunde zu fassen, wenn sie sie aus der Erde hervorholen wollten.
Wie dem auch sei: Im Laufe der Rassenetwicklung verringerte sich der Gegensatz zwischen Terrier und Zwerghund immer mehr, da viele der Arbeiter entdeckt hatten, welch ausgezeichnete Arbeit der Yorkshire Terrier trotz seines niedlichen Aussehens zu leisten vermochte. Auch heute ist der Yorkshire noch ein echter, robuster Terrier, obwohl es sicher vor allem sein anziehendes, sympathisches Wesen war, das seine außergewöhnliche Popularität begründet hat. Die Fähigkeit des Yorkshires, das Haus seiner Familie mit Wärme zu erfüllen, hat heutzutage zweifellos einen höheren Stellenwert, als dieses Haus frei von Raubzeug zu halten!
In die Fußstapfen der berühmten Mrs. Foster trat Lady Edith Windham-Dawson. Lady Windham züchtete seit Anfang der 1930er Jahre hervorragende Yorkshire Terrier unter dem Zwingernamen "Soham", und sie war außerdem Ausstellungsrichterin.
"Soham"-Yorkies waren in England und in Irland höchst erfolgreich.

Wußten Sie schon, daß...
der Mensch schon seit Jahrhunderten Hunde auf bestimmte Körper- und Wesensmerkmale hin gezüchtet hat, damit sie seinen jeweiligen Interessen dienen konnten? Dies ist der Grund, warum es heutzutage Jagdhunde, Apportierhunde, Spürhunde, Wachhunde und auch Schoßhunde gibt. Während der letzten 150 Jahre wurden die Hunde nach ihren körperlichen Merkmalen und ihrer Gebrauchsfähigkeit beurteilt. Nur wenige Rassen haben eine natürliche Ausgewogenheit zwischen Gestalt, Arbeitsfähigkeit und Temperament aufzuweisen.

Ein Yorkie mit perfektem Haar aus der Zucht von Mrs. A. Swan im Jahr 1932.

Einer der attraktiven Champions von Lady Windham in den 30er Jahren.

Woher kommt der Name?
Das Wort Terrier im Rassenamen des Yorkies weist darauf hin, daß dieser Hund ursprünglich Raubzeug jagte – über und unter der Erde (lat. terra). Natürlich waren die Hunde, die in den Anfängen diese Tätigkeit ausübten, wesentlich schwerer und größer als unsere heutigen Yorkies.

„Ch. Rose of the World„, ein typischer Champion-Yorkie der Ausstellungssaison 1932, auf der Ladies Kennel Association Show.

Der Yorkshire Terrier gehörte zu den ersten Rassen, die vom 1873 neu gegründeten englischen Kennel Club anerkannt wurden. Ein Vierteljahrhundert verging allerdings noch, bis der Yorkshire Terrier Club sich 1898 daran setzte, einen Standard für die Rasse festzulegen. Der Rassestandard ist, kurz gesagt, die Beschreibung der Körper- und Wesensmerkmale, die der ideale Rassevertreter aufweisen muß. Er setzt insofern anleitend die Maßstäbe, nach denen Züchter ihre Zuchtprogramme aufstellen und Richter die Hunde auf Ausstellungen beurteilen. Für das Erstellen des Rassestandards ist nach den Bestimmungen der Fédération Cynologique Internationale (FCI) das Mutterland der jeweiligen Rasse verantwortlich; im Falle des Yorkshire Terriers also Großbritannien. Der vom Yorkshire Terrier Club 1889 aufgestellte Standard wurde mit seiner Anerkennung durch den Kennel Club gültig und blieb unverändert bis 1950 in Kraft.

Mord im Dutzend...
so könnte man das nennen, was die ursprünglichen Yorkies beim Rattenbeißen zu tun hatten: Sie mußten im Wettlauf mit der Zeit, so viele Ratten wie möglich töten. Zu denen, die sich in diesem Wettbewerb besonders hervortaten, gehörte auch Huddersfield Ben, als Vater vieler Champions einer der bedeutendsten frühen Yorkie-Rüden. Ben war von W. Eastwood in Huddersfield gezüchtet worden und starb 1871.

Die Tendenzen zur Veränderung der Rasse, die durch die gegensätzlichen Auffassungen über die erwünschte, korrekte Farbe und durch die wachsende Popularität der Rasse noch verstärkt wurden, führten zu einer Revision des Standards (Sie betraf vornehmlich die dunkel-stahlblaue – nicht silberblaue – Haarfarbe der Rasse).

Der Yorkshire-Terrier in den USA

Der erste blau- und-lohfarbene Yorkie im Land des rot-weiß-blauen Banners, von dem die Annalen berichten, war Belle, eine 1877 geworfene Hündin im Eigentum von Mr. A.E. Godeffroy. Belle wurde schon vor der Gründung des American Kennel Club registriert, und zwar in einem Stammbuch, das A.N. Rouse gehörte. Zwei weitere frühe Importe unter den ersten Eintragungen im Zuchtbuch des American Kennel Club waren die Yorkies Jim und Rose aus schottischer Zucht, die den Herren J.A. Nickerson und R.R. Bushbell aus Boston, Massachusetts, gehörten. Durch die Bemühungen vieler engagierter Züchter an der Ost- und der Westküste etablierte sich die Rasse recht schnell in den USA, und Yorkshire Terrier wurden auf vielen der renommiertesten Hundeausstellungen des Landes präsentiert. Stark besetzte

Täuschungsversuche...

waren vor der Gründung des Kennel Club unter den Ausstellern weit verbreitet, da es keine ofiizielle Registrierung und keine Kontrollen gab. Da das Züchten und Ausstellen von Hunden ein höchst einträgliches Unternehmen war, erschlichen sich skrupellose Aussteller ihren Weg auf's Siegertreppchen oft mit unlauteren Mitteln: z.B. färbten sie das Haarkleid ihrer Hunde, oder sie korrigierten chriurgisch die weniger gewünschten Merkmale. Einige Dinge werden sich wohl nie ändern, aber heute gibt es zumindest strenge Strafen!

„Ch. Mendham Billy" auf einem Photo von 1933 – schon damals wurden die Barthaare „gewickelt"!

Yorkshire-Expertin und Suffragette!

Mrs. Jonas Foster, die bekannte Yorkie-Züchterin und Ausstellerin, war die erste weibliche Zuchtrichterin überhaupt – im Jahr 1889, als die Frauenbewegung in vollem Gange war.

Wer hat Angst vor einer Maus?

Wer jemals einen rassetypischen Yorkshire Terrier kennegelernt hat, weiß, daß dieser kleine Hund seine mutigen, lebhaften Vorfahren nicht verleugnen kann. Während mancher heutige Rassevertreter zumindest größenmäßig einer ausgewachsenen Ratte unterlegen ist, wird er ohne Zögern jede Maus angreifen, die ihm über den Weg läuft.

Klassen dieser kleinen, blau-lohfarbenen Hunde beeindruckten viele einflußreiche Richter.

Um 1950 hatte die Rasse eine bemerkenswerte Popularität errungen, und vorzügliche Ausstellungshunde waren auf den nationalen Schauen zahlreich vertreten. Viele dieser wunderbaren Hunde trugen den Zwingernamen „Wilweir" der Züchterinnen Janet Bennet und Joan Gordon. Im Jahr 1958 wurde der Yorkshire Terrier Club of America vom AKC offiziell anerkannt. Die Überarbeitung des englischen Yorkshire-Standards durch diesen Club wurde 1966 vom AKC akzeptiert.

Der lange Weg zum Erfolg

Die berühmte Westminster Kennel Club Dog Show, die bereits seit 1877 jedes Jahr stattfindet, ist die älteste Hundeausstellung der Welt. Diese einmalige Veranstaltung, vergleichbar nur mit dem Kentucky Derby als ältester Sportveranstaltung der USA, zieht

„Little Pickwick", ein irischer Yorkshire Terrier im Besitz von Miss Sally Logan aus Belfast. Er gewann auf der Hundeausstellung von Navan in der irischen Grafschaft Meath etliche erste Preise und wurde bester Yorkie der Schau.

jedes Jahr 2.500 Hunde in den Madison Square Garden in New York City. Obwohl diese Schau 14 Jahre älter und genauso renommiert ist wie Crufts Dog Show, ist sie doch nicht annähernd so groß.
In der Geschichte dieser Hundeausstellung ist es bisher erst einem einzigen Yorkshire Terrier gelungen, Westminster zu gewinnen: Es war Ch. Cede Higgins, im Eigentum von Barbara und Charles Switzer, der 1978 – also nach über 100jähriger Rassegeschichte! - , dieses Meisterstück vollbrachte.

Einer von Mrs. Swans besten Hunden (1933).

Schon 1930 hieß es in der berühmten Hutchinson's Dog Encyclopaedia: „Das Haar eines Yorkshire Terriers muß mit extremer Sorgfalt gepflegt werden. Dies gilt besonders für die langen Barthaare, die immer gewickelt sein sollten. Bodenlanges Haar sollte auf Papierwickel aufgerollt und sicher befestigt werden, um die maximale Bewegungsfrei heit des Hundes zu gewährleisten".

Warum gerade einen Yorkshire Terrier?

Das Vergnügen, einen Yorkshire Terrier zu lieben

Wer kann dem Charme eines kleinen Yorkshire Terriers widerstehen? Was könnte Sie besser aus ihrer melancholischen Stimmung am Nachmittag holen als ein blau- und lohfarbener Zwergterrier? Eigentlich sollte jeder, der die Neigung verspürt, einen Yorkshire Terrier zu halten, dies auch tun, denn dieser kleinste aller britischen Terrier hat gewaltige Vorzüge.

Betrachtet man die geringe Größe dieses Hundes, so beansprucht der Yorkshire Terrier nicht viel Platz. Sie müssen also nicht ein palastartiges Anwesen mit Hochsicherheitszaun Ihr eigen nennen. Sie brauchen auch kein großes Haus, um Ihrem Yorkie genügend Auslauf in seinem Zuhause bieten zu können. Sie müssen Ihr Budget nicht besonders strapazieren, um diesen Hund ernähren zu können. Sie müssen keine teure Ausrüstung anschaffen, um Ihren Hund zu erziehen, ihm eine angemessene Behausung zu bieten und ihm ein auch sonst bequemes Leben zu ermöglichen.

Alles, was Sie tun müssen, ist: diesem kleinen Wunder Ihr Herz zu öffnen und sich bedingungslos und frei einem anderen Lebewesen hinzugeben.

Der Yorkshire Terrier heißt jedermann in seiner Welt willkommen. Er hat eine vertrauensvolle Seele, die ihre Zuneigung jedem zuteil werden läßt, der seine Zeit freundlich und humorvoll mit ihm verbringt. Yorkies sind vor allem menschenfreundlich. Sie kommen mit den meisten anderen Hunden gut aus und sind weder dünkelhaft noch egoistisch. Besitzer eines Yorkshire Terriers sind gut beraten, die erste Annäherung zwischen ihrem und einem größeren Hund zu überwachen. Obwohl Ihr Yorkie kaum Angst vor einem großen Hund wie etwa einem Dobermann oder einem Rottweiler haben wird, weiß man doch nie, ob sich der große Hund seiner eigenen Kraft bewußt ist. Yorkshire Terrier haben nicht selten Verletzungen davongetragen, wenn ein großer Hund sie im Spiel in seine Schnauze genommen oder mit seiner Pfote niedergedrückt hat. Wenn der große Hund nämlich erst gemerkt hat,

(gegenüberliegende Seite) Die Beliebtheit des Yorkshire Terriers resultiert aus seiner Schönheit, seiner geringen Größe und seiner Intelligenz. Dennoch ist er kein lebendes Spielzeug: Er benötigt permanente Zuwendung und Pflege. Wer hierzu nicht bereit ist, sollte sich keinen Yorkie anschaffen!

Der Yorkshire Terrier ist die kleinste der britischen Terrierrassen.

Eine Frage der Größe?

Obwohl der Yorkie vermutlich kleiner ist, als man sich gemeinhin einen Hund vorstellt, ist er nichtsdestoweniger ein echter Hund mit allem, was dazugehört. Der Yorkshire denkt und verhält sich wie jeder andere Canide auch. Er zeigt anderen Hunden gegenüber normales Hundeverhalten und umgekehrt. Hunde nehmen Größe anders wahr als Menschen. Ein Yorkshire Terrier in Taschenformat wird einem großen Hund nicht voller Furcht vor dessen Größe begegnen, obwohl dieser im Vergleich zum Yorkie ein Riese ist – ein großer Botschafter des guten Willens, selbstsicher und würdevoll.

Die meisten Yorkies lieben es, großen Spaß zu haben. Sie sind nicht rachsüchtig, trotz der schweren Zeiten, die die Rasse durchgemacht hat. Wie bei den meisten Zwerghunden besteht auch ihr Leben hauptsächlich aus Spiel. Einfache Spiele wie das Rollen eines Balls, das Jagen eines Seils, das Holen eines Kauknochens usw. machen den Yorkie zum glücklichen, zufriedenen Begleiter. Seine extrovertierte Persönlichkeit in Kombination mit seiner Verspieltheit macht ihn zum idealen Hund für ältere und junge Menschen. Durch sein Umherhüpfen auf Ihren Möbeln, sein Springen nach eingebildeten Mäusen oder anderem Getier kann er den Alleinunterhalter sogar für Ihre spaßverwöhntesten Gäste spielen.
Kinder und Yorkshire Terrier sind natürliche Spielgefährten. Allerdings ist

Obwohl Yorkies nicht zu den Wach- und Schutzhunden gehören, entwickeln sie starke Schutzinstinkte gegenüber ihrer Familie und ihrem Zuhause.

daß der Yorkshire ein Mitglied der Hundegesellschaft ist, wird er mit dem Yorkie Kontakt aufnehmen wollen ohne Rücksicht auf dessen Zerbrechlichkeit. Obwohl er von der Größe her nicht der geborene Wachhund ist, zeigt der Yorkshire Terrier doch seinem Zuhause und seiner Familie gegenüber ausgeprägte Schutzinstinkte. Er besitzt noch in hohem Maße das Temperament seiner Vorfahren und ist furchtloser, als es seine Größe vermuten läßt. Ein Yorkshire Terrier, dessen Aufmerksamkeit geweckt ist, veranstaltet einen Höllenlärm und führt sich wie ein Berserker auf, um das Eigentum seines Herrn, dessen Garten oder dessen Auto zu beschützen. Yorkies haben ein Elefantengedächtnis! Wenn Sie einem Yorkie einmal in die Quere gekommen sind und er Sie als Feind abgestempelt hat, wird er Sie und Ihre Sünden nie wieder vergessen.

Kurz gesagt: Der Yorkshire Terrier ist ideal für Menschen, die einen kleinen Hund voller Pep, Energie, Schönheit und liebevoller Anhänglichkeit suchen.

angesichts der geringen Körpergröße des Hundes eine gewisse Vorsicht geboten. Die meisten Züchter empfehlen Familien mit Kindern etwas größere Rasseexemplare. Da Kinder ziemlich rauh mit ihrem Spielzeug (und möglicherweise auch mit einem solchen „Spiel"-Hund!) umgehen könnten, muß man ihnen beibringen, daß der Yorkie ein sehr zerbrechliches Lebewesen ist – und kein Plüschtier, das man umherwerfen und, wenn man es leid ist, vernachlässigen kann, obwohl der Yorkie zugegebenermaßen ein mindestens ebenso anbetungswürdiges Sammlerstück ist wie ein Teddy! Yorkies könnten ernsthaft verletzt werden, wenn Kinder in ihrer Aufregung nach ihren Augen stoßen, ihre Bänder könnten reißen und auch ein Beinbruch ist nicht auszuschließen, wenn Kinder sie umherwerfen oder gar fallenlassen.

Kinder und Yorkshire Terrier passen hervorragend zusammen – wenn die Kinder begriffen haben, daß es kleine, zerbrechliche Hunde sind, mit denen man vorsichtig umgehen muß.

Folglich können Kinder sehr viel durch einen Yorkshire Terrier lernen: Verantwortungsgefühl, Fürsorge, Rücksichtnahme, Vertrauen und gegenseitige Zuwendung. Unter entsprechender Anleitung und Überwachung wird eine harmonische Partnerschaft zwischen Yorkies und Kindern entstehen.

Auch ältere Menschen lieben den Yorkshire Terrier. Ihre unterhaltsamen Clownerien und ihre sanfte Art machen sie auch für ans Haus gefesselte ältere Menschen und solche, die nicht die Möglichkeit haben, mit ihnen im Park zu joggen, geeignet. Yorkies können auch im Haus genügend Bewegung haben, wobei ein gelegentliches Tollen durch den Garten ausreicht. Sie sind ideal für Bewohner von Etagenwohnungen oder kleinen Apartments ohne großen Außenauslauf.

Wenn er aber die Möglichkeit bekommt, sich in der freien Natur zu betätigen, nimmt er diese Gelegenheit mit großem Eifer wahr. Er ist schließlich ein Terrier, und das Wort Terrier leitet sich von dem lateinischen Wort für ‚Erde' ab. Yorkies spielen liebend gern im Gras. Sie buddeln und graben mit Talent und Begeisterung, das ist sicher. Die Rasse macht alle sportlichen Aktivitäten, auch der größeren Terrier, mit. Obwohl er weder das Gewicht des Dandie Dinmont Terriers noch die langen Läufe eines Airedale Terriers hat, liegen ihm

die Jagdleidenschaft und der Mut seiner Vorfahren im Blut.
Die meisten Yorkshire Terrier Besitzer geben zu, daß es ansteckend ist, von einem Hund dieser Rasse besessen zu werden. Yorkies sind nicht hervorragende Familienhunde, sie gehören einfach zur Familie! Ihre Besitzer betrachten Yorkies als Familienmitglieder, als ihre Kinder. In Anbetracht der Größe seines Herzens und seines Charakters im Vergleich zu seiner geringen Körpergröße ist es nicht überraschend, daß die Yorkie-Liebhaber von der Gesellschaft und der Zuneigung ihres Hundes abhängig werden. Deshalb haben manche von ihnen auch eine ganze Yorkie-Meute in ihrem Haus. Während die Züchter anderer Rassen gemeinhin von den Hunden in ihrem Zwinger sprechen, wird man dieses Wort von Yorkie-Züchtern selten hören. Der Yorkshire ist ein echter Hausbewohner, der am liebsten mitten in der Familie lebt, vollkommen eingebunden in den Familienalltag. Yorkies blühen geradezu auf, wenn sie in den Tagesablauf ihrer Familie integriert sind. Instinktiv wissen sie, wer als erster nach Hause kommt, und ebenso fühlen sie, wer zu spät kommt oder fehlt. Dieser Familienhund kann nicht schlafen, wenn einer seiner Lieben noch nicht zuhause ist, dort, wo er hingehört. Zwar stehen für den Yorkie sein Herrchen oder Frauchen an erster Stelle (wie bei allen Hunden, so erfreut sich auch bei ihm die Person, die ihn füttert und für ihn sorgt, besonderer Wertschätzung), doch werden alle übrigen Familienmitglieder gleichermaßen hoch geschätzt.

Was ist schöner als ein Yorkie? – Zwei Yorkies!

Da der Yorkshire Terrier im Haus nicht viel Platz benötigt, ist es keineswegs selten, daß echte Yorkie-Enthusiasten zwei, drei oder gar ein Dutzend Yorkies halten. Die Liebe und die Zuwendung, die ein einziger Yorkie geben kann, verstärkt sich von Tag zu Tag im Zusammenleben mit einer ganzen Sammlung von blau- und lohfarbenen Hundebabies.

Der Yorkie ist ein echter Familienhund, der sich dort am wohlsten fühlt, wo auch seine Menschen sind. Mit dieser liebenswerten Eigenschaft hat er die Herzen vieler Hundefreunde gewonnen.

Ein Wort der Vorsicht an den übereifrigen Yorkie-Liebhaber: Widerstehen Sie Ihrem ersten Drang, Ihren Yorkshire Terrier unvernünftig zu verwöhnen! Jeder übermäßig verhätschelte Hund macht das Zusammenleben schwierig. In Anbetracht seines Schwungs und seines Durchsetzungsvermögens wird ein Yorkie, der glaubt, daß der ganze Haus-

Dieser Blick macht es fast unmöglich, den Kleinen nicht zu verwöhnen. Dennoch: In seinem eigenen Interesse sollten Sie stark bleiben!

halt nach seinem Willen funktioniert, wenig Freude bereiten. Von Natur aus ist ein Yorkie nicht egoistisch oder selbstsüchtig; er ist weder ein mäkeliger Fresser noch stopft er sich unmäßig voll; er versteckt nicht eifersüchtig sein Spielzeug vor seinen Spielgefährten, sondern er teilt gern mit ihnen. Wenn Sie jedoch aus Besessenheit einmal an dieser liebenswerten Persönlichkeit herumgepfuscht haben, ist Ihr Yorkie schon bald nicht mehr der entgegenkommende, offenherzige Engel, in den Sie sich verliebt hatten.

Seien Sie vorsichtig! Viele „York-aholics", zu denen auch die Autorin gezählt werden könnte, haben peinliche Geschichten zu erzählen über das Ausmaß, in dem sie ihre anbetungswürdigen kleinen Freunde zu verwöhnen gedenken. Obwohl ich selbstverständlich nie zu solchen Mitteln gegriffen habe, habe ich von Yorkie-Besitzern gehört, die Babywiegen und Kinderhochstühle für ihre Yorkies angeschafft haben, die jeden Tag beim Metzger das beste Stück Fleisch für ihre Hunde haben zuschneiden lassen, die ihren Urlaub abgesagt haben, wenn die sechs Yorkies nicht ebenfalls willkommen waren, die Pullover und Schühchen für ihre Hunde gestrickt oder gehäkelt haben; die sogar höchst erfolgreiche Berufskarrieren aufgegeben haben, um zuhause bei ihren Yorkies bleiben zu können (und nun als freie Autoren über ihr Lieblingsthema schreiben...?!).

Wenn Sie feststellen, daß Sie unter einer der genannten Kategorien einzuordnen sind, passen Sie wunderbar in die von zarter Harmonie geprägte Welt der ergebenen Yorkshire Terrier Liebhaber. Herzlich willkommen!

Der Yorkie ist ein kleiner Hund mit großer Persönlichkeit.

Yorkies machen süchtig: Was ist schöner als ein Yorkie? Mehrere Yorkies!

Rassespezifische Gesundheitsprobleme

Die Augen Ihres Yorkshire Terriers sind nicht nur der Spiegel seiner Zuneigung und Anhänglichkeit, sie sind auch ein hervorragender Indikator für seinen Gesundheitszustand. Wie bei allen Hunden sollten auch seine Augen klar und leuchtend sein und so gute Gesundheit und artgerechte Ernährung widerspiegeln. Entdecken Sie irgendwelche Anzeichen von Trübung oder Unklarheit, könnte dies auf eine gesundheitliche Beeinträchtigung hinweisen, die vom Tierarzt überprüft werden muß. Es gibt nämlich einige erbliche Augenkrankheiten, die bei Yorkshire Terriern häufiger auftreten, wie z. B. Katarakt, Progressive Retina-Atrophie, Keratokonjunktivitis sicca und Ulcerative Keratitis.

Katarakt tritt bei Yorkies ab dem Alter von drei Jahren, üblicherweise zwischen drei und sechs Jahren, auf. Glücklicherweise ist die Veterinärmedizin so weit fortgeschritten, daß Katarakt-Operationen in den meisten Fällen erfolgreich sind. Wie beim Menschen so können auch bei Hunden die getrübten Linsen operativ entfernt werden. Da der Katarakt als eine vererbbare Augenerkrankung angesehen wird, darf mit betroffenen Hunden nicht gezüchtet werden.

Jegliches Anzeichen von Trübung in den Augen eines Yorkies sollte vom Tierarzt untersucht werden.

Progressive Retina-Atrophie, kurz PRA genannt, führt bei erkrankten Hunden zur Erblindung. Üblicherweise tritt PRA beim Yorkshire Terrier erst in höherem Alter von meist acht Jahren auf, obwohl auch Yorkies bekannt sind, die schon früher oder auch erst mit zwölf Jahren erkrankten. Wie schon der Name sagt, ist die Netzhautablösung fortschreitend („progressiv") und führt nach und nach zu immer stärkerer Beeinträchtigung des Sehvermögens. Oft wird dies vom Hundebesitzer zunächst gar nicht wahrgenommen, da Yorkies sehr anpassungsfähig sind. Deshalb ist die PRA, wenn die Hunde zum Tierarzt gebracht werden, in den meisten Fällen schon sehr weit fortgeschritten.

Keratoconjunktivitis sicca wird KCS abgekürzt und wird landläufig „trockenes Auge" („dry eye") genannt. „Trockene Augen" resultieren aus der Unfähigkeit der Tränendrüsen, Tränenflüssigkeit zu produzieren. Durch diesen Mangel an Feuchtigkeit wird die Hornhaut geschädigt, es kommt zu chronischen Entzündungen im Auge. Eiterkrusten rund um die Augen sind ein deutlicher Hinweis auf diese Erkrankung, deren Folgen mit Antibiotika und anderen Medikamenten zu behandeln sind. In Einzelfällen ist auch eine operative Behandlung möglich. Wie PRA ist auch KCS erblich, deshalb darf mit befallenen Tieren nicht gezüchtet werden.

Die vierte Augenerkrankung, die bei Yorkshire Terriern auftreten kann, die Keratitis Ulcerativa, ist ebenfalls eine Störung der Hornhaut; bei ihr treten Entzündungen und Geschwürbildungen auf, die z.B. durch in die Augen hängende Haare verursacht werden. Sollte Ihr Yorkie übermäßig blinzeln, mit seinen Pfoten am Auge zu reiben versuchen und versträrkter Tränenfluß

Die Augen Ihres Yorkies sollten klar sein und glänzen und keine Spur von Vereiterung aufweisen.

Bei manchen Yorkies sind die Augen ein Schwachpunkt. Durch regelmäßige Untersuchungen kann der Tierarzt Probleme im Ansatz erkennen und mit guten Erfolgsaussichten behandeln.

KCS (Keratoconjunctivitis sicca) oder „trockene Augen“ resultieren aus der Unterfunktion derTränendrüsen. Aufgabe der Tränenflüssigkeit ist es, das Auge feucht zu halten und Fremdkörper herauszuspülen.

festzustellen sein, dann ist dies ein Hinweis auf eine solche Störung. Sie beruht nicht auf einer erblichen Disposition, sondern ist lediglich die Folge der Lagerung und Form der Augen mancher Yorkies. Auch hier ist die Behandlung mit Antibiotika und speziellen Augentropfen möglich.
An dieser Stelle müssen zwei orthopädische Probleme genannt werden, die vorwiegend bei Zwerg und Kleinhunden auftreten: Die Legg-Perthes-Calvé – Krankheit (LPC) und die Patellarluxation (PL). LPC kommt sogar recht

Manche Yorkies haben vorstehende Augen, die empfindlich gegenüber Irritationen sind. Vorsorglich sollte die Augenregion solcher Yorkies frei von übermäßig langem, dichtem Haar gehalten werden.

häufig bei Yorkshire Terriern vor. Sie äußert sich in Lahmheit des Hüftgelenks als Folge der Degeneration des Oberschenkelkopfes. In fast allen Fällen ist übrigens nur ein Hinterlauf betroffen. LPC ist vermutlich erblich, obwohl hierüber noch keine gesicherten Forschungsergebnisse vorliegen.

Patellarluxation wird landläufig auch als „Kniescheibenverrenkung“ bezeichnet. Obwohl sie eindeutig eine Erbkrankheit ist, stellt sie für den Einzelhund selten eine gravierende Beeinträchtigung dar. Es gibt sehr unterschiedliche Ausprägungen von PL, die vom Grad der Lockerheit der Kniescheibe abhängen. In schwereren Fällen wird, insbesondere bei jungen Hunden, die als Folge noch keine Arthritis entwickelt haben, eine operative Behandlung empfohlen. Selbstverständlich sollte zumindest mit von PL höheren Grades befallenen Hunden keinesfalls gezüchtet werden.

Eine angeborene Krankheit, die bei vielen Rassen auftreten kann, ist die Von-Willebrandt-Erkrankung, eine Störung der Blutgerinnung. Unglücklicherweise scheint diese Krankheit auch beim Yorkshire Terrier von zunehmender Bedeutung zu sein. Züchter und Tierärzte haben in einigen Ländern in der jüngeren Vergangenheit vermehrt auftretende Krankheitsfälle beobachtet, insbesondere bei Hunden ab dem Alter von fünf Jahren. Da es auch hier verschiedene Ausprägungsgrade gibt,

Kontaktlinsen für Hunde...
könnten auch Ihrem Yorkie in schweren Fällen von Keratitis Ulcerativa Erleichterung bringen (zumindest in den USA gibt es sie schon!). Solche Kontaktlinsen korrigieren natürlich nicht die Sehstärke des Hundes, sondern sind ein reiner Schutz vor äußeren Irritationen. In jedem Fall vorzuziehen ist jedoch der vorbeugende Schutz durch eine sorgfältige Auswahl von Zuchttieren, deren Augen gesund und unempfindlich sind.

Niemand kann Voraussagen über die Gesundheit Ihres Hundes machen. Nutzen Sie deshalb die Möglichkeit regelmäßiger Gesundheits-Checks!

Husten...
und Anfälle von Atemnot sollten jeden Yorkie-Besitzer in höchste Alarmbereitschaft versetzen, insbesondere wenn der Hund schon älter ist. Kurzer, pfeifender Husten, oft bei gleichzeitiger Fettleibigkeit, kann ein Anzeichen für einen Luftröhrenkollaps sein, der bei Zwerghunden gelegentlich auftritt. Diese Hustenanfälle werden durch Streß, dem der Hund ausgesetzt ist, verstärkt.

Ein Tierarzt mit Yorkie-Erfahrung kann entscheidend zur Gesunderhaltung Ihres Hundes beitragen.

werden vermutlich zahlreiche Fälle entweder überhaupt nicht oder nur durch Zufall erkannt, wenn bei einer Routineoperation wie z.B. der Kastration des Yorkies Pobleme auftreten. Je nach Blutgerinnungsfaktor ist diese Krankheit im Einzelfall mehr oder weniger bedrohlich. Dennoch darf kein betroffener Hund in der Zucht Verwendung finden!

Alles in allem ist der Yorkshire Terrier aber ein gesunder, anpassungsfähiger Hund. Dennoch sind Yorkie-Besitzer gut beraten, auf Anzeichen für die genannten Erkrankungen zu achten und mit ihrem Tierarzt frühzeitig darüber sprechen. Je besser ein Yorkie-Halter informiert ist, desto länger und schöner ist das Leben seines Hundes!

Ihr Yorkie ist völlig von Ihrer Fürsorge abhängig. Sie sorgen für sein Futter, sein Heim und seine Gesundheit. Können oder wollen Sie ihm das nicht bieten, sollten Sie sich die Anschaffung eines solchen Hundes überlegen.

Hinterhaupt
Oberkopf
Ohren
Augen
Hals
Vorgesicht
Kruppe
Rücken
Rute
Fang
Oberschenkel
Haarkleid
Kniegelenk
Schulter
Sprung-
gelenk
Brustkorb
Vorderlauf
Vorder-mittel
fuß
Pfoten
Rippen

Der Rassestandard des Yorkshire Terriers

FCI-Standard Nr. 86
Allgemeines Erscheinungsbild: Langhaarig, das Haar hängt glatt und gleichmäßig beiderseits herab, ein Scheitel reicht von der Nase bis zur Rutenspitze. Sehr kompakt und adrett, aufrecht in der Haltung und ein Fluidum von "Wichtigkeit" ausstrahlend. Die Konturen sollen einen kernigen und gut proportionierten Körper erkennen lassen.

Verhalten und Charakter (Wesen): Reger und intelligenter Zwergterrier. Lebhaft bei ausgeglichenen Wesensanlagen.

Kopf
Oberkopf: Ziemlich klein und flach, Schädel nicht zu vorgewölbt oder zu gerundet.

Gesichtsschädel:
Nasenschwamm: Schwarz.
Fang: Nicht zu lang.
Kiefer/Zähne: Perfektes, regelmäßiges und vollständiges Scherengebiß, wobei die obere Schneidezahnreihe ohne Zwischenraum über die untere greift und die Zähne senkrecht im Kiefer stehen.
Augen: Mittelgroß, dunkel, glänzend, mit wachsamem, intelligentem Ausdruck und so plaziert, daß sie geradeaus blicken. Nicht hervorstehend. Augenlider dunkel.
Ohren: Klein, v-förmig, aufrecht getragen, nicht zu weit auseinanderstehend, mit kurzem Haar von satter, kräftiger Tan-Farbe bedeckt.

Hals:
Von guter Länge.

Körper:
Kompakt.
Rücken: Eben.
Lenden: Gut durch Muskeln gestützt.
Rippen: Mäßig gewölbt.

Rute:
Üblicherweise auf mittlere Länge kupiert, mit viel Haar bewachsen. Dieses ist von dunklerem Blau als das am Körper, insbesondere am Rutenende. Sie wird etwas über der Rückenlinie getragen.

Ein Yorkshire Terrier in vorbildlicher Ausstellungskondition.

Ein amerikanischer Champion mit standardgerechtem Haar.

Langes, seidiges Haar am Fang von satter, goldener Lohfarbe, wie vom Standard gefordert.

Gangwerk
Frei und mit viel Schub, geradeaus gerichtete Bewegung in Vor- und Hinterhand, bei ebener Rückenlinie.

Haarkleid
Haar: Körperhaar von mittlerer Länge, völlig gerade (nicht wellig), glänzend; von feiner seidiger Textur, nicht wollig. Das herabhängende Haar an Kopf und Fang ("fall") ist lang, hat eine satte, goldene Tan-Farbe; dabei in der Farbe intensiver seitlich am Kopf, am Ohrenansatz und am Fang, wo es besonders lang sein sollte. Die Tan-Farbe am Kopf darf sich nicht in den Nacken ausbreiten; sie darf nicht rußig oder mit dunklem Haar vermischt sein.
Farbe: Dunkles Stahlblau (nicht Silberblau) erstreckt sich vom Hinterhauptbein bis zum Rutenansatz, keinesfalls vermischt mit falbfarbenem, bronzefarbenem oder dunklem Haar. Das Haarkleid an der Brust hat ein volles, helles Tan. Alle tanfarbenen Haare sind an der Wurzel dunkler als in der Mitte und werden zur Spitze hin noch heller.

Gliedmaßen
Vorderhand: Läufe gerade, gut mit Haar von sattem goldenem Tan bedeckt, wobei die Haarspitzen etwas heller schattiert sind als die Haarwurzeln. An den Vorderläufen darf das Tan nicht höher als bis zu den Ellenbogen reichen.
Schultern: Gut gelagert.
Hinterhand: Von hinten betrachtet sind die Läufe ganz gerade, gemäßigte Winkelung der Kniegelenke; gut mit Haar von sattem, goldenem Tan bedeckt, wobei die Haarspitzen etwas heller schattiert sind als an der Haarwurzel. Das Tan darf nicht höher als bis zu den Kniegelenken reichen.
Pfoten: Rund, schwarze Krallen.

Yorkshire Terrier – Welpen haben noch struppiges, strähniges Haar, das sich erst zu dem langen, seidigen Haar des erwachsenen Hundes entwickeln muß.

Gewicht:
Bis 3,1 kg (7 lbs.).

Fehler: Jede Abweichung von den vorgenannten Punkten sollte als Fehler angesehen werden, dessen Bewertung in genauem Verhältnis zum Grad der Abweichung stehen sollte.

Anmerkung: Rüden sollten zwei offensichtlich normal entwickelte Hoden aufweisen, die sich vollständig im Hodensack befinden.

Achten Sie drauf!

Das Verhalten und die Persönlichkeit Ihres Hundes wird weit mehr von Ihrer Zuwendung und Ihrer Erziehung geprägt, als von seinen sogenannten „rassetypischen“, angeborenen Merkmalen. Vergessen Sie nicht: Ihr Hund muß ausgelastet sein. Planen Sie Ihr Zusammenleben mit Ihm voller Aktivitäten, die dieses wichtige Grundbedürfnis befrie digen. Dann entwickeln sich auch seine angeborenen Persönlichkeitsmerkmale und kommen mit der Zeit auf natürliche Weise zum Vorschein.

(gegenüberliegende Seite) Bei diesem Amerikanischen Champion ist die klare Abgrenzung zwischen dem dunkelstahlblauen Körperhaar und dem gold-lohfarbenen Kopfhaar deutlich erkennbar.

S.E.M. by Dr. Dennis Kunkel, University of Hawaii

Gesundes und beschädigtes Yorkie-Haar unter dem Elektronen-Mikroskop. Die kleine Abbildung zeigt gespaltene Haarenden.

Der Körper ist mit langem, beiderseits glatt und gleichmäßig herabhängendem Haar bedeckt.

Ein charakteristisches Kopfmerkmal sind die kleinen, v-förmigen, aufrechten Ohren, die von kurzem, samtartigem Haar bedeckt sind.

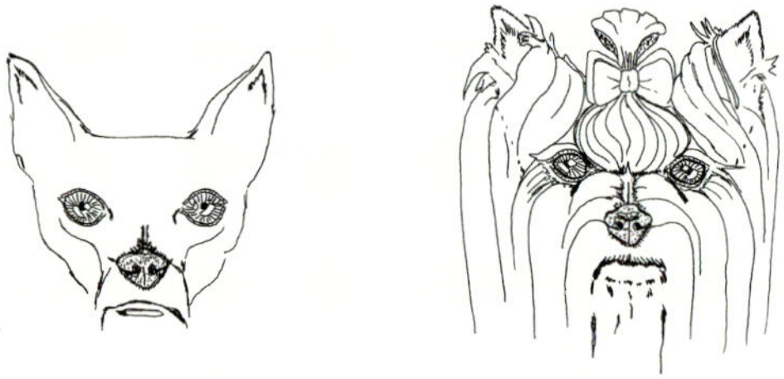

Die Ohren dürfen nicht zu weit auseinander angesetzt sein und müssen eine korrekte Haltung zeigen; dies ist eine Voraussetzung für den erwünschten Ausdruck des Yorkies.

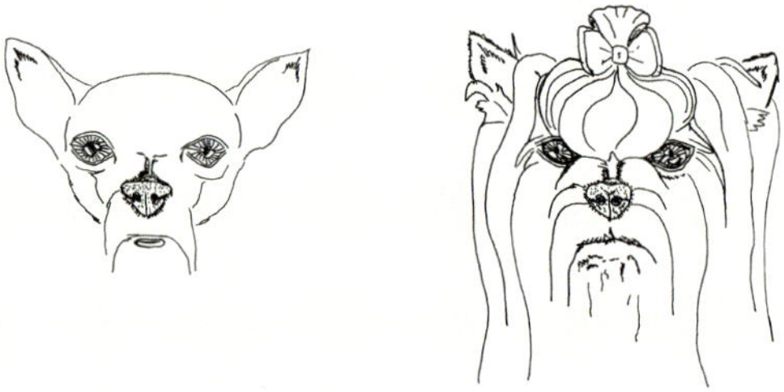

Der Fang darf keinesfalls zu lang sein; die Nase ist schwarz.

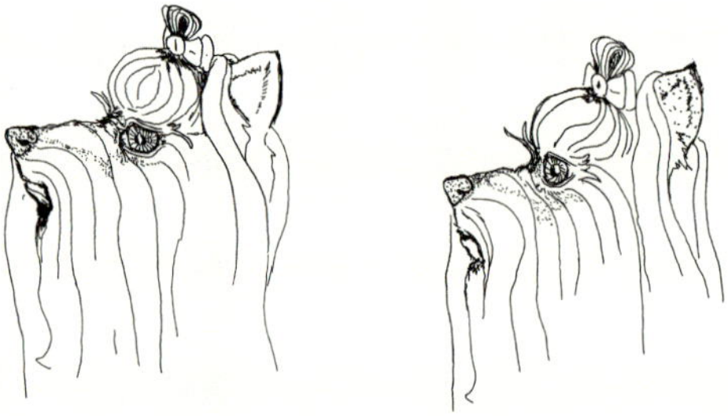

Das Scherengebiß muß perfekt sein, wobei die Zähne gut in den gleichmäßigen Kiefern eingesetzt sind.

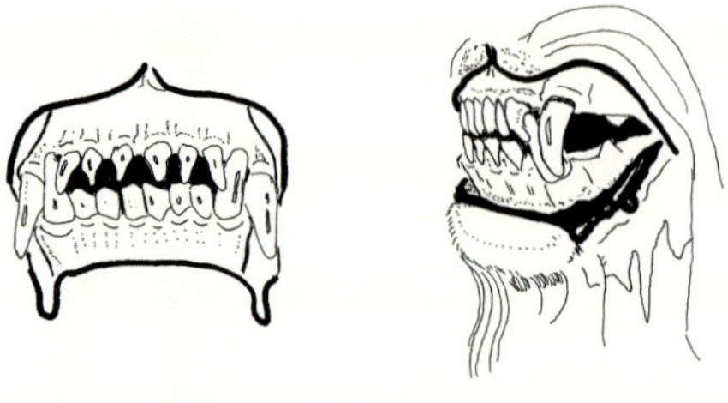

Der Yorkshire Terrier Welpe

Wichtige Vorüberlegungen

Einen Yorkshire Terrier zu halten, bedeutet eine echte Herausforderung. Im Bewußtsein der Verantwortung, die Hundehaltung mit sich bringt, muß selbst ein Hund, der so klein und so wenig belastend ist wie ein Yorkshire Terrier, ernst genommen werden. Der Hund muß in der gesamten Lebensplanung seines Besitzers berücksichtigt werden. Hunde benötigen Zuwendung, ganz abgesehen von Futter, Wasser, Spaziergängen, tierärztlicher Betreuung und vielem mehr. Auch wenn ein Yorkshire Terrier nicht so viel Auslauf braucht wie zum Beispiel ein Golden Retriever, wird er seine täglichen Spaziergänge und regelmäßigen Auslauf im Garten, z.B. um sich lösen zu können, genießen. Lange Wochenenden und Urlaubsreisen müssen natürlich mit dem Hund geplant werden.

Obwohl mancher Yorkshire Terrier noch kleiner ist als die Familienkatze, benötigt er doch erheblich mehr Hingabe als die Katze, die sich eher mit sich selbst beschäftigen kann.

Der Yorkshire Terrier blüht geradezu auf, wenn sich "seine" Menschen mit ihm

Die Anschaffung jedes Haustiers bedeutet für den Besitzer ein großes Engagement und große Verantwortung. Dies gilt uneingeschränkt auch für den Yorkie, der sich aus diesem wenige Wochen alten hoffnungsvollen Welpen entwickelt.

Wie verwöhne ich meinen Yorkie?

Wir wissen inzwischen, daß das nicht schwer ist – auch hinsichtlich des Fressens! Deshalb muß jeden Yorkie-Besitzer eines klar sein: Ein Zwerghund benötigt pro Tag nur ca. 500 Kalorien. Nur zwei bis drei Leckerchen nebenbei bringen also den täglichen Futterplan Ihres Yorkies völlig durcheinander! Entweder hat er nach 300 Kalorien außer der Reihe keinen Hunger mehr auf sein richtiges Futter – oder er wird dick. Leckerchen sollte der Kleine also wirklich nur bei besonderen Anlässen und während seines Erziehungstrainings erhalten.

Es ist verständlich, daß zwei Yorkies ihrem Besitzer mehr als die doppelte Freude bereiten. Schon allein das Vergnügen, die beiden beim Spiel miteinander zu beobachten, sollte sich niemand entgehen lassen.

Wußten Sie schon, daß...

die Haltung eines Welpen beträchtliche Probleme mit sich bringt, wenn Sie ein unstetes Leben mit unregelmäßigem Tagesablauf führen? Vergessen Sie nicht: Ein Welpe muß regelmäßig gefüttert, sozialisiert (d.h. geliebt, gestreichelt, angefaßt, an fremde Menschen gewöhnt) werden und, vor allem, regelmäßig nach draußen, um sein Geschäft zu verrichten. Erst wenn der Hund älter ist, verkraftet er Abweichungen von der täglichen Routine.

beschäftigen. Es gibt wohl kaum eine andere Rasse, die so abhängig von ihrem menschlichen Rudel ist. Sich solch einem hingebungsvollen, liebevollen Tier zu verschreiben ähnelt durchaus der Verantwortung für ein Kind! Obwohl der Yorkie nicht heranwächst und sich mit 17 selbstständig macht, wird er Sie als „Eltern“ betrachten und von Ihnen Futter, Schutz und Zärtlichkeit erwarten.
Für die meisten Yorkshire Terrier-Liebhaber ist ihr Hund schlichter Haus- und Begleithund, nicht aber Ausstellungshund. Obwohl der Yorkshire Terrier in den Ausstellungsringen auffällt und unter der Aufmerksamkeit, die sein glanzvoller Auftritt hervorruft, gleichsam aufblüht, haben die meisten Yorkies nie die Gelegenheit, sich vor Richtern und Zuschauern darzustellen. Ganz gleich, ob Sie einen Ausstellungshund oder „nur“ einen Familienhund suchen: Über einige wichtige Dinge müssen Sie sich vor der Anschaffung Ihres Yorkies klar sein.

Die Beschaffung eines Welpen

Als zukünftiger Besitzer eines Yorkshire Terriers sollten Sie sich nicht mit dem ersten, besten Welpen zufriedengeben, der Ihnen angeboten wird. Schließlich wollen Sie mit Ihrem Hund mindestens 10 Jahre Ihres Lebens verbringen! Suchen Sie einen angesehenen Züchter in Ihrer Nähe – dies ist der erste Schritt auf dem Weg zu Ihrem neuen Familienmitglied.
Auf den wirklich guten Ruf des Züchters sollten Sie Wert legen, selbst wenn Sie keinen Ausstellungshund, sondern „nur“

Achten Sie drauf!

Zwei wichtige Dokumente, die Sie vom Züchter bekommen und die zu Ihrem Welpen gehören, sind die Ahnentafel des Hundes und sein Impfpaß. Aus dem Impfpaß geht hervor, daß die vom VDH vorgeschriebenen Grundimmunisierungen gegen die wichtigsten Infektionskrankheiten erfolgt sind. Der Züchter wird Ihnen auch sagen, wann Sie den Hund zur Nachimpfung beim Tierarzt vorstellen müssen.
Die Ahnentafel ist der Nachweis seiner Abstammung und belegt, daß er unter einer bestimmten Nummer in das Zuchtbuch des nationalen VDH-Rasse-Zuchtvereins eingetragen ist. Sie gibt außerdem Auskunft über Ausstellung- oder Prüfungserfolge seiner Vorfahren und gegebenenfalls über deren Gesundheit. Achten Sie sorgfältig darauf, daß es sich um einen in einem VDH bzw. FCI anerkannten Verein gezüchteten Welpen handelt. Das muß auf der Ahnentafel vermerkt sein. Auch die Tätowiernummer muß auf der Ahnentafel vermerkt sein.

Fragen Sie den Züchter nach der gesundheitlichen Vorgeschichte, der Ahnentafel und dem Impfpaß Ihres Hundes. Wenn Sie ganz sicher gehen wollen, stellen Sie ihn Ihrem Tierarzt vor.

einen Haushund haben möchten. Züchter, vor allem Neulinge, die ihre Welpen zu günstigen Preisen in der örtlichen Tageszeitung anbieten, sind im günstigsten Fall gut zu ihren Hunden – ob sie die Welpen mit der nötigen Sorgfalt und Fachkenntnis in geeigneter Umgebung wirklich artgerecht aufgezogen haben, ist stark zu bezweifeln. In vielen Fällen werden die Welpen viel zu spät von der Mutter entwöhnt. Zu deren Schonung und im Interesse einer gesunden Entwicklung müssen die Welpen schon früh ein auf ihren Nährstoffbedarf abgestimmtes Zusatzfutter erhalten.

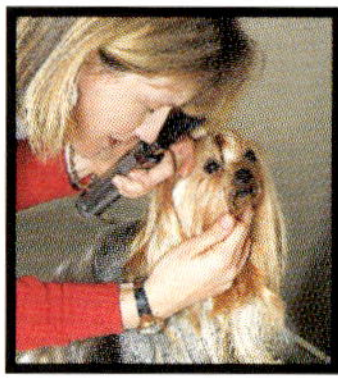

Für die Ausstellungsqualität Ihres Hundes wird Ihnen niemand garantieren können.

Bei unzureichend ernährten Welpen sind Verdauungsstörungen, Rachitis, schwächliche Knochen, schlechte Zähne und noch

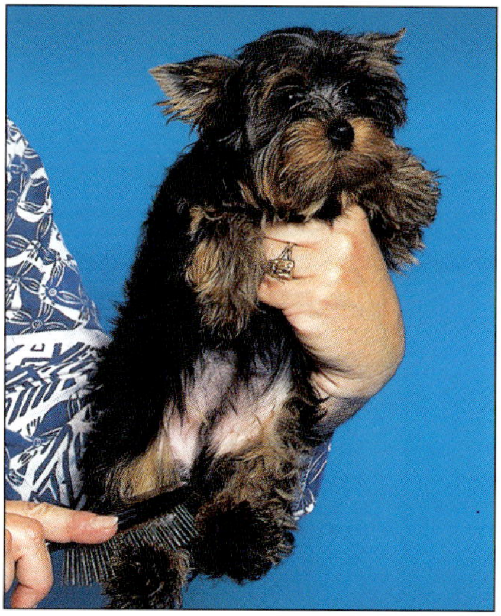

andere Störungen fast unausweichlich. Die anfallenden Tierarztrechnungen werden bald die beim Kauf des Hundes gesparte Summe übersteigen und zu einem beträchtlichen finanziellen Verlust führen – ganz zu schweigen von der emotionalen Belastung durch die Sorge um einen Hund, der vielleicht nie mehr ganz gesund wird.

Fragen Sie den Züchter nach den fälligen Schutzimpfungen und nach der letzten Wurmkur des Welpen; überprüfen Sie seine Ohren: Obwohl sich bei manchen Welpen die Ohren erst mit fünf bis sechs Monaten aufstellen, sollte bereits jetzt eine gewisse Spannung in der Ohrmuschel erkennbar sein, wenn das Ohrenspiel des Welpen Aufmerksamkeit signalisiert. Dies deutet auf eine normale Entwicklung der Ohrhaltung hin.

Wenn Sie sich der Hündinnen mit ihren Welpen nähern, sollten Sie auf einige Dinge besonders achten. Die Hündin sollte Ihnen freundlich und vertrauensvoll begegnen, die Welpen sollten frei und freudig auf Sie zukommen – dies deutet

Wußten Sie schon, daß...

Sie sich vor dem Kauf Gedanken darüber machen sollten, ob es eine Hündin oder ein Rüde sein soll? Als Begleithund für Familien mit Kindern eignen sich Hündinnen häufig besser, da ihnen die Sorge und die Toleranz gegenüber jungen Lebewesen sozusagen im Blut liegen. Wenn Sie sich allerdings nicht dazu entschließen können, Ihre Hündin kastrieren zu lassen, nachdem sie erwachsen geworden ist – und das ist eigentlich ratsam für jede Hündin, mit der nicht gezüchtet werden soll! – müssen Sie zweimal im Jahr ganz besonders gut auf sie aufpassen.

Yorkiehündin mit 5 Welpen – eine eher seltene Wurfgröße; Würfe mit zwei oder auch nur einem Welpen sind häufiger.

auf eine gute Sozialisierung hin. Übrigens ist es durchaus normal, wenn ein Yorkie-Wurf nur aus zwei oder drei Welpen besteht. Sogar Einzelwelpen sind bei dieser Rasse nicht ungewöhnlich. Deshalb kann Ihnen ein Züchter oft keine echte Auswahlmöglichkeit bieten, und auch Wartezeiten bis zu zwei Jahren auf einen Welpen des Züchters Ihrer Wahl sollten Sie nicht abschrecken. Es spricht nur für das Renommée eines Züchters, wenn er trotz großer Nachfrage nur gelegentlich Welpen abzugeben hat – vielleicht kann er Ihnen ja einen guten Züchterkollegen empfehlen, wenn Sie besonders ungeduldig sind. Oder Sie nehmen die Wartezeit in Kauf. Vorfreude ist schließlich die schönste Freude!

Die Verantwortung des Hundehalters

Nachdem Sie die genannten Faktoren hinreichend bedacht haben, haben Sie vermutlich schon einige wichtige Ent-

Wußten Sie schon, daß...
Sie sich unter keinen Umständen dazu verleiten lassen sollten, einen Welpen zu nehmen, der einen kränklichen, überängstlichen oder nervösen Eindruck macht? Dies betrifft natürlich nicht den lediglich zurückhaltenden Welpen, der nach einiger Zeit „auftaut“ und sich von da an wie seine Geschwister verhält.

Die Ohren kommen bei Yorkie-Welpen mit der Zeit von allein zum Stehen, können während des Zahnwechsels jedoch leicht noch einmal kippen.

Wußten Sie schon, daß...
es vor allem der Welpe ist, der leidet, wenn er unbedacht von jemandem erworben wurde, der ihm nicht die nötige Zeit und Zuwendung schenken kann oder will? Solche Welpen werden oftmals vernachlässigt oder von ihren frustrierten Besitzern sogar in ein Tierheim abgeschoben. Deshalb dienen alle Überlegungen, die Sie vor der Anschaffung des Welpen anstellen, dem Interesse des Hundes genauso wie Ihrem eigenen. Je mehr Sie sich informiert haben, desto klarer wird Ihnen sein, was auf Sie zukommt, und desto besser werden Sie mit den Höhen und Tiefen der Welpenaufzucht umgehen können. Es ist zu hoffen, daß alle Mitglieder Ihres Haushalts dazu bereit sind, ihren Teil bei der Pflege und beim Großziehen des Hundes zu übernehmen. Die Aussicht auf einen Hund führt oft zu großen Versprechungen („Ich werde jeden Tag mit ihm spazierengehen!“ – „Ich werde ihn füttern!“ – „Ich werde ihn stubenrein bekommen!“ ...); die jedoch schnell vergessen sind, wenn der Reiz des Neuen vergangen ist und man merkt, daß diese Dinge Zeit und Mühe erfordern.

Schon Yorkshire Terrier Welpen sind äußerst hingebungsvoll, sie schließen sich ihrem Besitzer schnell eng an. Ein weiterer Grund für ihre große Beliebtheit!

Vergessen Sie die Hygiene nicht! Auch ein Yorkie sollte nicht auf den Mund geküßt werden.

scheidungen zur Welpenauswahl getroffen. Sie haben sich einen Yorkshire Terrier ausgesucht, weil diese Rasse am besten in Ihre Familie und Ihre sonstigen Lebensumstände paßt und die Eigenschaften verkörpert, die Sie von einem Hund erwarten.

Wenn Sie auch schon einen Züchter ausgewählt haben, sind Sie noch einen Schritt weiter: Sie haben – hoffentlich – einen verantwortungsbewußten, vertrauenswürdigen Partner gefunden, der gute Yorkshire Terrier züchtet und Ihnen auch während der Zeit der Eingewöhnung des Welpen bei Ihnen, also der Zeit Ihrer wech-

selseitigen Anpassung, mit Rat und Hilfe zur Seite steht. Wenn Sie beim Züchter den ganzen Wurf in Aktion beobachtet haben, konnten Sie sich einen ersten Eindruck von der Gruppendynamik eines Welpenrudels verschaffen und damit auch Erkenntnisse über die individuellen Persönlichkeitsmerkmale jedes Welpen gewinnen. Vielleicht haben Sie sich auch schon spontan für einen der Kleinen entschieden, der Ihr Herz im Sturm erobert hat?
Doch selbst wenn der Welpe Ihrer Träume noch nicht dabei war, wird das Beobachten der Welpen aufschlußreich sein: Das Verhalten eines Welpen im Spiel mit

dem Weg zu Ihrem eigenen Welpen hinter sich gebracht ... aber Sie haben Ihren Kleinen noch nicht einmal zu Hause. Wie schon gesagt: Sie können gar nicht sorgfältig genug bei der Auswahl eines Welpen und beim Erforschen von Hintergrundinformationen vorgehen. Ein Hundekauf darf kein Spontankauf aus einer Laune heraus sein; immerhin haben Sie hier einmal die Möglichkeit, sich ein Familienmitglied wirklich auszusuchen! Andererseits denken Sie vielleicht, der Erwerb eines Welpen sollte doch ein Vergnügen sein und nicht so viel ernsthafte Arbeit bedeuten? Da bleibt nur der Hinweis, daß Ihr Welpe kein kuscheliges Plüschtier oder eine Zierde für Ihren Rasen ist! Ein Vergnügen soll der Welpenkauf schon sein, aber ein mühevolles, das nicht auf die leichte Schulter genommen werden darf. Seien Sie si-

Vor der Auswahl sollten Sie den ganzen Wurf längere Zeit beobachten, um „Ihren„ Welpen herauszufinden.

seinen Geschwistern sagt viel aus über das Verhalten, das der erwachsene Hund an den Tag legen wird. Sie werden jetzt schon den geborenen Rudelführer erkennen, den etwas zurückhaltenderen und den besonders zutraulichen Welpen, und auch ängstliche, verspielte, freundliche, aber auch jetzt schon aggressive werden Ihnen auffallen. Außerdem erhalten Sie dabei einen wichtigen Eindruck über das normale Verhalten und das Aussehen eines gesunden Welpen.
Wenn Sie all die angesprochenen Faktoren bei Ihrer Suche vor Augen haben, werden Sie vermutlich auf den ersten Blick wissen, welches der Hund Ihrer Träume ist.
Damit haben Sie bereits drei wichtige Schritte – Auswahl der Rasse, des Züchters und das Beobachten so vieler Welpen wie möglich – und einigen Aufwand auf

Achten Sie drauf!

Es gibt bereits Krankenversicherungen für Hunde. Vor Abschluß einer solchen Versicherung sollten Sie sich sorgfältig mit den Konditionen vertraut machen und das „Kleingedruckte" lesen – meistens werden nämlich die Kosten für die jährlichen Auffrischungsimpfungen nicht übernommen. Ob sich eine solche Versicherung lohnt, muß im Einzelfall entschieden werden. Überaus ratsam ist jedoch der Abschluß einer Hundehaftpflichtversicherung! Ein Hundehalter haftet nämlich zumindest teilweise für alle Schäden, die durch seinen Hund – mittelbar oder unmittelbar – verursacht werden.

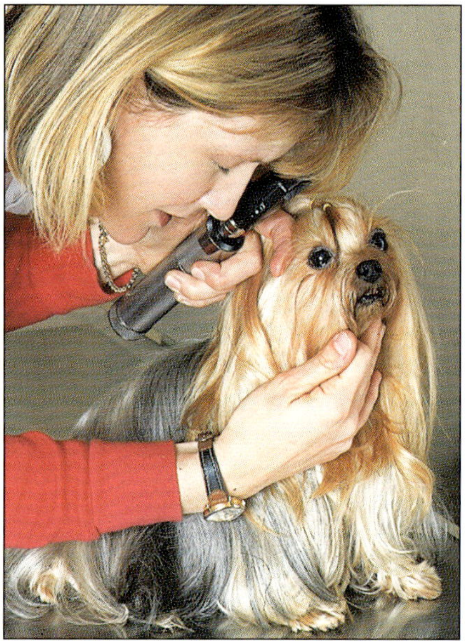

Gründliche Augenuntersuchungen durch den Tierarzt tragen dazu bei, daß nicht mit erbkranken Hunden gezüchtet wird.

cher: Der Spaß beginnt, wenn Ihr Welpe sein neues Heim bezogen hat.
Hier ist der Hinweis angebracht, daß Ihr Kleiner nichts anderes als ein Baby ist – sozusagen ein Baby in Fellverkleidung, praktisch hilflos in einer Menschenwelt und voller Vertrauen darauf, daß Sie seine vitalen Grundbedürfnisse befriedigen. Das geht über Futter, Wasser und einen Schlafplatz hinaus: Ihr Welpe braucht Pflege, Schutz, Erziehung und – vor allem – Liebe. Wenn Sie nicht dazu bereit sind, ihm all dies zu geben, sind Sie als Hundehalter ungeeignet.
Moment mal, mögen Sie jetzt sagen. Wo ist das Problem? Alle meine Nachbarn haben Hunde, und es geht überall gut! Warum sollte ich mir also Sorgen um all dies machen?
Nun, das brauchen Sie vermutlich auch gar nicht, denn Sie werden schnell herausfinden: Wenn Ihr Yorkie-Welpe sich erst einmal bei Ihnen eingewöhnt hat, wird er sich ganz natürlich in Ihre Familie einordnen und sozusagen von allein seinen Platz finden. Trotzdem tut es sicherlich besser, wenn auf die vielen Verpflichtungen eines Hundehalters immer wieder hingewiesen wird, oder?
Alles in Allem: Mit viel Zeit und Geduld sollte es wirklich nicht schwierig sein, aus einem neugierigen Yorkie-Welpen mit überschäumendem Temperament einen wohlerzogenen, an die Familie angepaßten erwachsenen Hund werden zu lassen, der Ihr treuester Freund sein könnte.

Die Vorbereitung auf den Einzug des Welpen

Sich über die auserwählte Rasse sachkundig zu machen und einen angesehenen Züchter zu finden, sind nur zwei Aspekte der Hausaufgaben, die Sie vor dem Einzug Ihres Yorkshire-Welpen zu erledigen haben. Sie müssen auch Ihr Haus und Ihre Familie auf den Zuwachs vorbereiten, und diese Vorbereitungen unterscheiden sich gar nicht viel von den

Wußten Sie schon, daß...

Sie sich schon vor dem Kauf eines Welpen darüber klar sein sollten, ob Sie einen Ausstellungshund oder „nur" einen Familienhund haben möchten? Ganz gleich, wie Ihre Wahl ausfelt: Jeder Welpe sollte ein gutes Wesen zeigen! Was nützt der nach Rassestandard schönste Yorkie, wenn er nicht das rassetypische, liebenswerte Verhalten zeigt? Es wäre verantwortungslos, wenn ein Züchter nur auf ein standardgerechtes Aussehen auf Kosten des guten Charakters seiner Hunde Wert legte!

Vorbereitungen auf ein Baby! Ebenso wie Sie für menschlichen Familienzuwachs ein Kinderzimmer vorbereiten würden, benötigt auch Ihr Welpe einen Platz, der ihm allein zur Verfügung steht. Überlegen Sie sich: Soll er sich nur in einem Zimmer oder in einem bestimmten Bereich des Hauses aufhalten oder soll er sich überall frei bewegen können? Soll er den größten Teil seiner Zeit im Haus verbringen, oder soll er sich auch einige Zeit draußen bleiben? Wofür auch immer Sie sich entscheiden – er muß unbedingt einen Platz nur für sich Haben.

Mit dem Einzug in Ihr Haus kommt der Welpe in die Umgebung, die auch sein Zuhause werden soll. Um zu einem ausgeglichenen, angepaßten Hund heranwachsen zu können, muß er sich dort vor allem wohlfühlen! Das Bedeutet natürlich keinesfalls, daß er die Herrschaft über Ihr Haus ergreifen sollte. Aber machen Sie es ihm am Anfang nicht zu schwer – denken Sie daran, daß er aus der Wärme und Geborgenheit von Mutter und Geschwistern und aus seiner einzigen vertrauten Umgebung herausgerissen worden ist, und dieses Schockerlebnis kann für einen jungen Welpen traumatisch sein. Helfen Sie ihm, indem Sie einen geeigneten Platz für ihn vorbereiten, und geben Sie ihm das Gefühl, daß er in seiner neuen Umgebung ohne Einschränkung willkommen ist. Dann sollte die Eingewöhnungsphase schnell vorüber sein.

Wußten Sie schon, daß...
die gesetzliche Haftung des Verkäufers für eine gewisse Zeit nach dem Verkauf auch für Hunde gilt? Es ist ratsam, auch hierüber schriftliche Vereinbarungen zu treffen. Ein seriöser Züchter wird Ihnen dies nicht übelnehmen.

Wußten Sie schon, daß...
es nach den strengen Zuchtbestimmungen des Verbandes für das Deutsche Hundewesen, dem die anerkannten Rassezuchtvereine in Deutschland angehören, nicht erlaubt ist, einen Welpen vor dem Alter von 8 Wochen abzugeben? Erst in der 8. Lebenswoche kann der Welpe seine erste komplette Schutzimpfung erhalten, und außerdem braucht er bis dahin unbedingt den Kontakt zu seiner Mutter und den Geschwistern. Viele Züchter geben ihre Welpen erst mit 10 bis 12 Wochen oder sogar noch später ab.

Stellen Sie sich vor, wie sich ein kleines Kind in einer ähnlichen Situation fühlen würde – Ihr Welpe fühlt sich nicht anders. Es liegt ausschließlich bei Ihnen, ihm die nötige Sicherheit zu geben und ihn spüren zu lassen: „Du kleiner Kerl, Du wirst Dich hier bald wohlfühlen!“

Jeder Welpe liebt es, im warmen Gras zu liegen – untersuchen Sie ihn anschließend auf Parasiten, die dort auf ihm gelauert haben!

Schon beim Züchter haben die Welpen gelernt, ihren Schlafbereich sauber zu halten.

Notwendige Anschaffungen

Die Kiste

Leute, die nicht über die Vorzüge einer Box bei der Hundeerziehung informiert sind, halten es oftmals für eine Strafe, wenn ein Hund in einer solchen Box eingeschlossen wird; diese Einschätzung ist aber völlig falsch. Boxen sind nicht grausam; im Gegenteil Sie sind human und äußerst nützlich bei der Betreuung und Erziehung eines Hundes.

Beispielsweise ist die Gewöhnung eines Hundes an eine Box eine beliebte und erfolgreiche Methode, den Hund zur Stubenreinheit zu erziehen; in einer Box ist er auf Reisen sicher untergebracht und – vielleicht der wichtigste Vorteil – eine Box bietet Ihrem Hund „seinen" ureigenen Platz. Sie ist der Schlafplatz, in dem er sich zusammenrollen kann, wenn er schlafen oder auch nur ungestört ausruhen will. Viele Hunde lieben es sogar, die ganze Nacht in der Kiste zu schlafen! Mit einer weichen Decke und einigen Lieblingsspielzeugen und Spielkameraden aus Plüsch ist seine Box für Ihren Welpen eine kuschelige Höhle, in der er sich sehr wohlfühlen wird – so, wie sich seine Ahnen in den Schutz ihrer bequemen Höhlen zurückgezogen haben – wobei die Ausstattung seiner Höhle sicher nicht nur aus Zweigen und Laub in einer schmutzigen Mulde besteht, sondern um einiges luxuriöser sein dürfte.

Beim Erwerb einer Box haben Sie reichlich Auswahl. Es liegt bei Ihnen, wofür Sie sich entscheiden; lassen Sie sich von Ihrem Züchter beraten. Jedes Modell hat Vorzüge und Nachteile: Ein Drahtkäfig zum Beispiel ist nach allen Seiten offen; er behindert nicht die Frischluftzufuhr und bietet Ihrem Hund einen freien Blick auf das, was um ihn herum vorgeht. Eine Kunststoffbox dagegen ist stabiler und kann zusätzlich als Reisetransportmittel dienen, da sie dem Hund mehr Schutz bietet. Die Größe der Box ist ebenfalls zu bedenken. Nehmen Sie die kleinste Box, die Sie bekommen

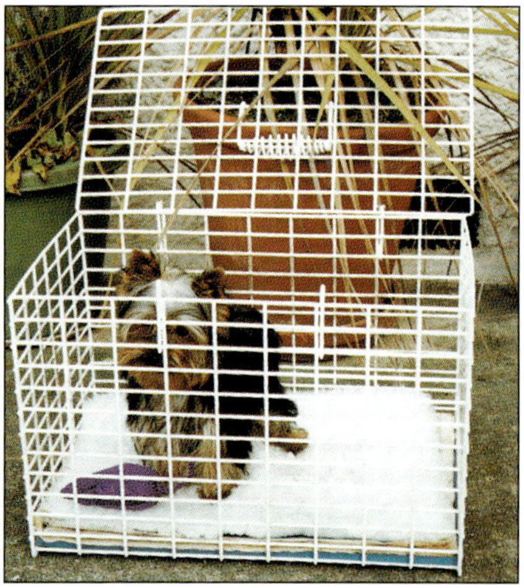

Dieser Käfig eignet sich lediglich zum Transport, nicht als Ruheplatz im Haus.

Wußten Sie schon, daß...

es sehr für einen Züchter spricht, wenn er Ihnen bohrende Fragen stellt, bevor er Ihnen einen Welpen zusagt? Dies zeigt, wie wichtig es ihm ist, daß sein Hundekind ein gutes Zuhause bekommt. Seien Sie also nicht pikiert, wenn Sie diesen Test bestanden haben – freuen Sie sich lieber.

Achten Sie drauf!

Sie dürfen Ihren Hund tagsüber nicht zu oft und zu lange in seiner Box einsperren. Erstens wäre das nicht artgerecht, zweitens würden Sie Ihren überaus anpassungsfähigen Gefährten zum Tag-Schläfer erziehen, der nachts erst aktiv wird.

können – sie wird dem Welpen und dem ausgewachsenen Yorkie reichlich Platz bieten. Noch ein Vorteil Ihrer Entscheidung für diese kleine Rasse!

Decken

Ein oder zwei weiche Decken in der Box werden dazu beitragen, daß sich Ihr Hund darin noch wohler fühlt. Erstens treten die Decken an die Stelle der bereits erwähnten Zweige und Blätter, mit denen ein Wildhund seine Höhle auspolstern würde, und der Welpe kann sich auch in die Decken „eingraben" (obwohl er sich ansonsten weit entfernt hat von seinen Vorfahren, ist dieser Höhleninstinkt doch immer noch vorhanden); zweitens ersetzen ihm die Decken die Wärme und die kuschelige Nähe seiner Mutter und seiner Geschwister, zwischen denen er ja vor kurzem noch geschlafen hat – wenigstens zu einem gewissen Teil, denn einen lebendigen, warmen Körper können sie nie ganz ersetzen.

Wählen Sie die Decken aus einem waschbaren Material – kleine Unglücke lassen sich auch in der Box nicht immer vermeiden –, und werfen Sie sie weg, sobald sie löchrig werden und auseinanderzufallen drohen.

Spielzeug

Geeignetes Spielzeug ist ein Muß für Hunde jeden Alters, besonders aber für neugierige, verspielte Welpen. Welpen sind die „Kinder" der Hundewelt, und welches Kind liebt kein Spielzeug?

Hundegerechtes Kauspielzeug ist eine besondere Freude für Ihren Welpen – aber vermutlich auch für Sie: Der Kleine kann seinen Kautrieb nach Herzenslust ausleben, und Sie haben ihn erfolgreich von Ihren teuren Schuhen oder von Ihrem Ledersofa abgelenkt. Besonders während des Zahnwechsels ist das Kauen für den Hund eine Lebensnotwendigkeit, und gerade dann erscheint ihm einfach alles höchst appetitlich. Vom alten Geschirr-

PHOTO COURTESY OF MIKKI PET PRODUCTS.

Es gibt hochwertige Boxen in verschiedenen Größen und Ausfertigungen; lassen Sie sich beraten.

tuch bis hin zum Orientteppich – es gibt nichts, was ein zahnender Welpe nicht als herrliches Spielzeug betrachtet. Dabei ist er auch ganz und gar nicht wählerisch – einfach alles, was er zwischen seine Zähne bekommt, schmeckt hervorragend!
Ausgestopfte Plüschtiere sind eine weitere Möglichkeit; sie sind besonders geeignet, damit sich Ihr Welpe in seiner Box nicht so allein fühlt. Aber seien Sie vorsichtig, manche Welpen schaffen es, sie in kürzester Zeit auseinanderzunehmen, und dies kann fatale Folgen haben, wenn sich an dem Plüschtier Plastikteile befinden, oder wenn er gar versucht, größere Teile des Tiers herunterzuschlucken – daran könnte er ersticken.
Recht beliebt sind auch die sogenannten Quietschtiere, auf die viele Hunde begeistert reagieren. Manche kommen schon beim ersten Quietschton ihres Lieblingsspielzeugs aus dem entferntesten Winkel des Hauses herbeigerannt. Aber auch für diese Art von Spielzeug gilt: Es ist nicht ungefährlich! Wenn Ihr Welpe eines zerbeißt, kann er zu leicht das kleine Plastikteil, das die Töne produziert, verschlucken.
Deshalb gilt grundsätzlich: Prüfen Sie täglich sorgfältig den Zustand des Welpenspielzeugs und entfernen Sie alles, was Ihr Welpe so weit zernagt hat, daß es gefährlich für ihn werden könnte.

Wußten Sie schon?
Nicht jedes Spielzeug, das so aussieht, als könne es ein Riesenspaß für Ihren Hund sein, ist auch wirklich geeignet! Seien Sie deshalb kritisch! Es ist schon erstaunlich, was Welpenzähne in kurzer Zeit aus einem harmlos aussehenden Spielzeug machen können; Sicherheit muß deshalb oberstes Gebot sein. Wählen Sie das unempfindlichste Produkt, das Sie finden können. Am sichersten sind Knochen und andere Spielzeuge aus Nylon, die zudem in verschiedenen Geschmacks- und Geruchsrichtungen angeboten werden. Ein besonderer Spaß ist es für Ihren Hund, wenn Sie ihm Bälle oder Scheiben zuwerfen, die er fangen und zurückbringen kann – diese werden inzwischen aus Material hergestellt, das auch scharfen Hundezähnen widersteht.

Achten Sie drauf!
Es ist sinnvoll, die Box Ihres Welpen, falls sie etwas größer ist, in der ersten Zeit zu unterteilen. Wenn der Teil der Box, den er benutzt, nämlich zu geräumig ist, wird es ihm nichts ausmachen dort auch sein Geschäft zu verrichten, und dann wären Ihre Bemühungen, ihn so stubenrein zu bekommen, leider vergeblich. Es ist ein angeborener Instinkt, daß ein Hund seinen Schlafplatz sauber halten will, und den können Sie sich zunutze machen. Es bringt natürlich nichts, wenn der Welpe sich aufgrund des reichlichen Platzangebotes weit genug von seinem „Bett“ entfernen kann, um sich zu lösen. Außerdem darf eine Höhle ohnehin nicht zu groß sein – sie soll gerade so viel Platz bieten, daß sich der Welpe mit seinen Spieltieren in die Decken kuscheln und bequem liegen kann. Mit dem Wachstum des Hundes läßt sich der abgeteilte Platz dann je nach Bedarf entsprechend vergrößern. Mit etwas Geduld und Überredungskunst werden Sie es schaffen, daß sich Ihr Welpe nach kurzer Zeit in seiner neuen Behausung wohlfühlt.

Es gibt jede Menge hundegeeignetes Spielzeug!

PHOTO COURTESY OF MIKKI PET PRODUCTS.

Vorsicht ist auch bei echten Knochen geboten, von denen beim Benagen scharfkantige, spitze Stücke absplittern könnten. Auch das bekannte sogenannte Büffelhautspielzeug ist nicht ungefährlich: Lange genug bearbeitet, können sich größere Teile lösen; außerdem wird es schmierig und verschmutzt sie Unterlage, auf der Ihr Welpe sich gerade befindet – und das könnte schließlich auch Ihr Teppich sein. Grundsätzlich kann jeder verschluckte Fremdkörper für Ihren Welpen gefährlich werden!

Mit interessantem Spielzeug kann sich ein Yorkie stundenlang selbst beschäftigen.

Die Leine

Die Leine Ihres Welpen sollte aus einem reißfesten Material gefertigt sein, das auch den Zähnen des Kleinen standhält. Hier ist vermutlich Nylon die beste Empfehlung. Natürlich sollten Sie versuchen, die Unart des Nagens an der Leine im Keim zu ersticken -–in unbeobachteten Momenten wird der Kleine vermutlich dennoch der Versuchung erliegen, und dann hat er bei einer Nylonleine wenigstens nur geringe Erfolgsaussichten. Eine Leine aus diesem Material hat außerdem

Hundeleinen: Wer die Wahl hat, hat die Qual.

PHOTO COURTESY OF MIKKI PET PRODUCTS.

die Eigenschaft, sehr leicht zu sein – ein nicht zu unterschätzender Vorteil bei einem Yorkshire-Welpen, der gerade erst dabei ist, sich an das Gefühl der Leine um seinen Hals zu gewöhnen. Auch für die Sicherheit auf den täglichen Spaziergängen ist die Nylonleine eine gute Wahl, da sie äußerst reißfest ist.

Wenn Ihr Hund heranwächst, an die Leine gewöhnt ist und gesittet neben Ihnen herläuft, möchten Sie ihm möglicherweise einen größeren Bewegungsspielraum gönnen und denken an die Anschaffung einer flexiblen Leine, die sich per Knopfdruck verlängern oder verkürzen läßt. Dagegen ist sicher nichts einzuwenden, aber seien Sie in jedem Fall besonders vorsichtig! Es hat Unfälle gegeben, bei denen mitten im Straßenverkehr der Arretierungsmechanismus dieser Leinen versagt hat und die Hunde auf die Straße gelaufen sind – leider mit zum Teil tragischen Folgen.

Das Halsband

Der erste Schritt, um Ihren Welpen an das Laufen an der Leine zu gewöhnen, ist: Gewöhnen Sie ihn an das Halsband – denn an irgendetwas muß die Leine ja schließlich befestigt werden. Wählen Sie für Ihren Yorkshire Terrier ein leichtes Kunststoff-Halsband, das den Kleinen so wenig wie möglich stört. Lassen Sie ihn das Halsband zunächst ohne Leine tragen – schon bald wird er es kaum mehr spüren. Natürlich darf das Halsband weder zu locker noch zu fest sitzen – im ersten Fall würde er sich problemlos daraus befreien können, im zweiten würde er sich vermutlich fast stranguliert fühlen. Optimal ist es, wenn Sie noch leicht ein bis zwei Finger zwischen den Hals und das geschlossene Halsband schieben können; so fühlt er sich wohl und ist dennoch sicher.

Freß- und Trinknapf

Für Ihren Welpen müssen Sie mindestens zwei Näpfe, für sein Futter und für frisches Wasser, anschaffen. Sehr zu empfehlen sind Edelstahlnäpfe, die erstens gründlich zu reinigen und, wenn nötig, zu sterilisieren sind, und zweitens wird Ihr Welpe eventuelle Kauversuche an ihnen schnell aufgeben. Selbstverständlich können Sie auch Plastiknäpfe kaufen; diese werden aber mit aller Wahrscheinlichkeit regelmäßig auf ihre Beißfestigkeit getestet und müssen deshalb besonders robust sein – im Interesse der Sicherheit Ihres Welpen und auf längere Sicht auch im Interesse Ihres Geldbeutels.

Reinigungsutensilien

Bis Ihr Welpe endgültig stubenrein ist, müssen Sie sich auf intensive Putzaktionen vorbereiten. Es geschehen immer wieder kleinere oder größere Unglücke, die man dem Kleinen im Moment noch nicht allzu übel nehmen darf: er weiß es eben noch nicht besser. Alles, was Ihnen in solchen Situationen zu tun bleibt, ist: Putzen. Fangen Sie deshalb früh genug an, sich einen Vorrat an alten Tüchern, Handtüchern, Zeitungen und ein wirksames Desinfektionsmittel zuzulegen. Sie glauben gar nicht, wie schnell dieser Vorrat zur Neige geht, wenn der Kleine erst bei Ihnen ist! Putzen Sie immer so gründlich, daß keinerlei Geruchsspuren zurückbleiben – Hunde neigen dazu, sich immer wieder da zu lösen, wo sie vertraute Düfte erschnüffeln ...

Ist Ihr Haus welpensicher?

Wenn Sie alles so durchdacht und vorbereitet haben, daß sich Ihr Welpe einfach bei Ihnen wohlfühlen muß, sollten Sie daran gehen, Ihr Haus welpensicher zu machen. Das bedeutet zum Beispiel, alle Bereiche abzusperren, in die Ihr Welpe keinesfalls kommen soll, oder alles aus seiner möglichen Reichweite zu entfernen, was gefährlich für ihn werden könnte, wenn er es beschnüffelt, ankaut oder sonstwie untersucht – außerdem wären Sie sicher auch nicht besonders erfreut, wenn er Ihre Einrichtung ruinieren würde! Alles Zerbrechliche sollte aus seiner Reichweite entfernt werden, wenn er sich in Ihrem ganzen Haus frei bewegen darf; wenn sein sein Aktionsradius auf bestimmte Bereiche begrenzt werden soll, bringen Sie alle potentiell gefährlichen oder gefährdeten Gegenstände in die „hundefreie Zone“ Elektrokabel beispielsweise können äußerst gefährlich werden, wenn Ihr Welpe auf die Idee kommen sollte, ihren Geschmack zu testen – und bevor Sie ihn davon überzeugen könnten, daß sie kein herrliches Kauspielzeug sind, wäre es vermutlich zu spät.

Welpen müssen häufig gefüttert werden und stets frisches Wasser zur Verfügung haben. Ausgewachsene Yorkies benötigen nur noch ein oder zwei Mahlzeiten am Tag.

Stellen Sie sich auf eine erste stressige Nacht mit Ihrem Welpen in Ihrem Haus ein!

Deshalb, Elektrokabel müssen grundsätzlich außerhalb der Reichweite Ihre Welpen befestigt sein. Wenn Ihr Hund zeitweise in seiner Box untergebracht sein soll, dürfen sich in deren Nähe keinerlei Gegenstände befinden, die er möglicherweise mit seiner neugierigen Nase oder seinen Pfoten erreichen und, wie auch immer zu sich holen könnte. Und wie bei einem kleinen Kind sind Haushaltsreiniger und Chemikalien ein absolutes Tabu auch im Bereich des Welpen – der Grund muß wohl kaum näher erläutert werden.

Genauso wichtig ist es, auch Ihr Grundstück noch vor der Ankunft des Kleinen zu sichern. Selbstverständlich sollte Ihr Welpe sich anfangs nie unbeaufsichtigt im Garten aufhalten; einen temperamentvollen Welpen werden Sie indessen

Yorkies sind photogen! Denken Sie auch daran, daß Blüten Insekten anlocken ...

kaum daran hindern können, frei im Garten umherzurennen und alles Neue zu erforschen -–und das sollten Sie ihm auch wirklich gönnen. Wiegen Sie sich nicht in der trügerischen Sicherheit, daß der Zaun um Ihr Grundstück ausbruchsicher ist – Sie haben ja keine Vorstellung davon, welche Schlauheit und Hartnäckigkeit ein Hund entwickeln kann, wenn er es sich in den Kopf gesetzt hat, sich unter einem Hindernis durchzugraben oder sich durch (eigentlich viel zu kleine) Löcher hindurchzuzwängen oder über den Zaun zu klettern oder zu springen. Selbst in Ihrem kleinen Yorkshier Terrier schlummern ungeahnte Talente! Kleine Löcher im Zaun sollten deshalb sicherheitshalber mehrfach gestopft werden, und es ist ratsam, den Zaun regelmäßig vollständig zu überprüfen, damit kleinere Ausbesserungen sofort vorgenommen werden können – ein hartnäckig entschlossener Welpe wird nämlich immer wieder an dieselbe Stelle zurückkehren, um dort so lange zu arbeiten, bis er hindurch paßt – und das dürfte bei einem Yorkie recht schnell gehen.

„Was Hänschen nicht lernt, lernt Hans nimmermehr„ – dieses Sprichwort trifft nicht immer zu!

Der erste Tierarztbesuch

So, nun haben Sie Ihren Welpen beim Züchter ausgesucht, und Ihr Haus und Ihre Familie sind bestens vorbereitet. Es bleibt nur noch, den Kleinen beim Züchter abzuholen, und dann fängt der Spaß an ... Halt! Da gibt es noch etwas; schließlich müssen Sie ja möglicherweise schon kurz nach der Übernahme mit Ihrem Welpen zum Tierarzt. Um einen guten Tierarzt sollten Sie sich auch schon vor dem Einzug des Hundes kümmern. Vielleicht kann Ihnen ja Ihr Züchter jemanden nennen, der im Idealfall in Ihrer Nähe praktiziert und mit Yorkshire Terriern vertraut ist, oder andere Yorkie-Besitzer können Ihnen einen Tip geben. Wie auch immer: Sie sollten recht bald den Tierarzt Ihrer Wahl aufsuchen und Ihm Ihren Kleinen vorstellen; vermutlich ist seine zweite Impfung ja auch jetzt schon fällig (die erste Impfung gegen die wichtigsten Infektionskrankheiten hat er natürlich schon beim Züchter erhalten). Wahrscheinlich wird der Tierarzt den Kleinen zunächst gründlich auf mögliche Störungen untersuchen, die äußerlich nicht erkennbar sind. Er wird Ihnen dann ein Impfschema empfehlen, das Sie stets penibel einhalten sollten; natürlich hat Ihnen auch der Züchter bereits die entsprechenden Hinweise gegeben. Jeder Welpe muß einen eigenen Impfpaß haben, in dem die Impfungen vom Tier-

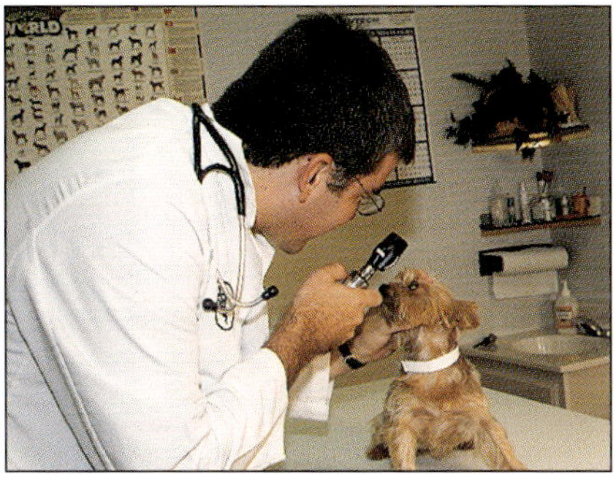

Ein Gesundheits-Check beim Tierarzt dient Ihrem Hund und Ihnen.

arzt eingetragen und bescheinigt werden, und den muß Ihnen der Züchter bei der Übergabe des Welpen aushändigen.

Die Ankunft des Welpen

Höchstwahrscheinlich ist jeder Bewohner Ihres Hauses aufgeregt und begeistert, wenn es endlich so weit ist, und das ist nur zu verständlich! Jeder will den Welpen knuddeln, jeder will mit ihm spielen – und hier müssen Sie etwas bremsen, denn sonst könnte sich der Welpe überfordert fühlen. Machen Sie Ihren Lieben klar, daß sich ein Welpe in einem permanenten Lernprozeß befindet; er ist zum erstenmal von Mutter, Geschwistern und seiner bisherigen Bezugsperson getrennt, und das Autofahren war ihm sicherlich auch noch fremd.

Achten Sie drauf!

Die erste Autofahrt vom Züchter zu seinem neuen Heim für den Welpen und auch für Sie kann ein recht unangenehmes Erlebnis sein. Der Kleine ist aus der Wärme und Geborgenheit seines bisherigen Rudels gerissen worden und nun in einer völlig fremden Umgebung – die sich auch noch bewegt! Nehmen Sie es ihm nicht übel, wenn er nun jammert, vor Angst zu beißen versucht oder sogar „undicht" ist – halten Sie ihn trotzdem auf einer alten Decke fest auf Ihrem Schoß und beruhigen Sie ihn durch gutes Zureden und viele Streicheleinheiten.

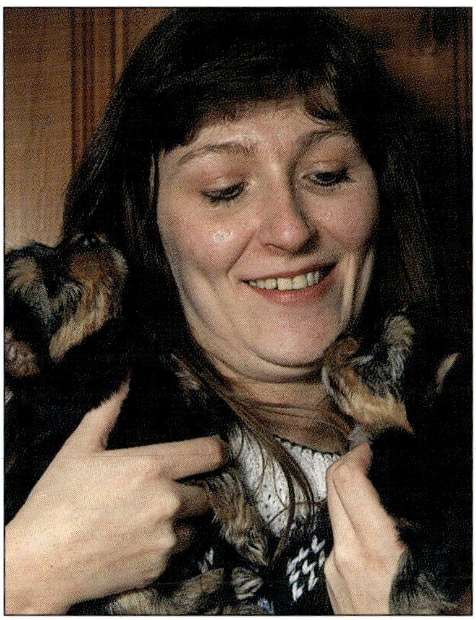

Liebe auf den ersten Blick.

Dies alles geht nicht spurlos an ihm vorüber, und das Letzte, was Sie jetzt zulassen sollten, ist eine weitere Überschüttung mit neuen Eindrücken. Dies würde ihn nur noch mehr verängstigen! Natürlich ist menschliche Nähe in dieser Situation absolut notwendig, damit ein Vertrauensverhältnis zwischen dem Welpen und seinem neuen (Menschen-) Rudel entstehen kann, aber bitte mit Ruhe und Geduld.

Sanftes Streicheln und beruhigendes Zureden werden ihm am meisten helfen, mit der ungewohnten Situation fertigzuwerden; geben Sie ihm die Chance und setzen Sie ihn auf den Boden, damit er selbst – natürlich unter Ihren wachsa-

Wußten Sie schon, daß...

Leckerbissen das beste Mittel sind, um Ihren Hund zu erwünschten Verhaltensweisen zu bewegen? Versuchen Sie es mit kleinen Stückchen Hartkäse oder getrockneter Leber. Meiden Sie Schokolade, da sie Stoffe enthält, die für Hunde giftig sind!

men Augen – ganz in Ruhe seine neue Umgebung erkunden kann.

Der Welpe kann sich nun mit sich selbst beschäftigen oder zu den Familienmitgliedern Kontakt aufnehmen. Nach und nach sollte sich jedes Familienmitglied einige Zeit mit ihm beschäftigen, einer nach dem anderen, und sich zu dem Welpen auf den Boden setzen, um mit ihm auf einem Niveau zu sein. Lassen Sie ihn an den Händen schnüffeln, und streicheln Sie ihn sanft. Er braucht dringend menschliche Zuwendung und Berührung, damit sofort eine Beziehung entsteht. Aber vergessen Sie dabei nicht, daß jetzt gleichzeitig viele neue Eindrücke zum erstenmal auf ihn einstürzen: Neue Leute, neue Geräusche, neue Gerüche und neue Dinge, die es zu untersuchen gilt; deshalb seien Sie sanft und liebevoll mit ihm und geben Sie ihm soviel Ruhe und Sicherheit wie möglich.

Achten Sie drauf!

Es dauert mindestens zwei Wochen, bis sich Ihr Welpe endgültig bei Ihnen eingewöhnt hat. Mit viel Liebe, Zuwendung, Streicheln, gutem Futter, einem nur ihm gehörenden Platz und regelmäßigem „Gassigehen" im Garten helfen Sie ihm dabei.

Diese ersten Wochen können entscheidend für das weitere Zusammenleben sein.

Die erste Nacht im neuen Heim

Bei der Autofahrt nach Hause ist Ihre Neuerwerbung in seinem Korb, seiner Box oder auf dem Schoß eines Mitfahrers sicher untergebracht gewesen, und Sie sind mit ihm wohlbehalten angekommen. Er hat Ihre Familie getroffen, jedes einzelne Familienmitglied kennengelernt und auch die Hände der aufgeregten Kinder und die Katze des Hauses zur Begrüßung abgeleckt (was nur die letztgenannte wahrscheinlich etwas gestört hat). Er hat seine neue Umgebung inspiziert, seinen Schlafplatz kennengelernt,

Der Garten bietet eine Fülle neuer Eindrücke!

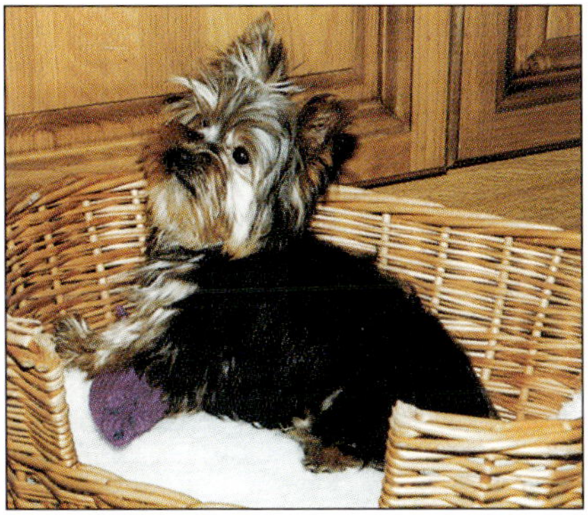

Noch weiß er nicht, daß ihm die erste Nacht ohne Mutter und Geschwister bevorsteht. Wird alles gut gehen?

den Garten und alle sonstigen für ihn zugänglichen Bereiche erforscht. Er hat seine erste Mahlzeit im neuen Heim zu sich genommen und sogar – oh Wunder – an einem erlaubten Ort sein Geschäft verrichtet. Viele neue Geräusche sind ihm zu Ohren gekommen, er hat neue Freunde „erschnüffelt“ – kurz gesagt: Er hat mehr von der großen, weiten Welt kennengelernt als in seinem gesamten bisherigen Leben. Und das war erst der erste Tag! Er ist völlig erschöpft und reif für's Bett ... denken Sie vermutlich!

Vergessen Sie nicht, daß es die erste Nacht ist, in der er allein schlafen muß. Seine Mutter und seine Geschwister liegen nicht mehr nur eine Pfotenbreite entfernt, und so fühlt er sich unweigerlich verschreckt, kalt und einsam. Halten Sie dies auch allen anderen Familienmitgliedern vor Augen! Seien Sie gewarnt: Viele Welpen winseln, um mitzuteilen, daß sie Gesellschaft haben wollen – besonders, wenn sie noch sehr jung sind; ältere, die sich ohnehin schon etwas von Mutter und Geschwistern gelöst haben, erfahrungsgemäß weniger. Jedenfalls sollten Sie in dieser Situation kühlen Kopf bewahren; geben Sie nicht jedem Piepton gleich nach.

Stellen Sie seine Box oder sein Körbchen in den Raum, in dem er auch später regelmäßig schlafen soll, legen Sie ihn hinein und schließen Sie die Tür. Wenn Sie Glück haben, wird er übermüdet ohne Murren einschlafen. Wenn doch das Unvermeidliche geschieht, versuchen Sie sein Winseln zu ignorieren, Sie haben sich ja vergewissert, daß ihm nichts fehlt. Lassen Sie sich nicht von Schuldgefühlen übermannen, indem Sie schon beim geringsten Ton aufstehen und nach ihm sehen. Er wird mit Sicherheit einschlafen. Manche Züchter empfehlen, ein Stück der alten Schlafdecke des Welpen in sein neues Bett zu legen, so daß er den Geruch seiner Wurfgeschwister in der Nase hat. Andere wiederum raten dazu, dem Welpen eine Wärmflasche ins Bett zu legen, um ihn warmzuhalten. Dies ist keine schlechte Idee, vorausgesetzt, der Welpe

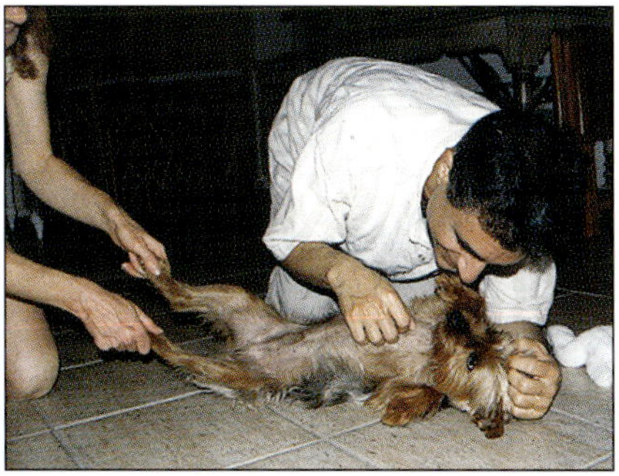

Spielen Sie nicht zu wild mit Ihrem Yorkie!

nuckelt nicht an der Wärmflasche herum, das wird ihm nicht gut bekommen, und ein nasser Welpe schläft erst recht nicht ein.

Sie geben in Ihrem Haus den Ton an und bestimmen, wann Schlafenszeit ist! Wenn Sie also nicht jede Nacht um 22 Uhr, um Mitternacht und um 2 Uhr morgens mit Ihrem Welpen spielen möchten, sollten Sie eine solche Gewohnheit im Interesse aller gar nicht erst einreißen lassen.

Achten Sie drauf?
Gründliche Sozialisierung bedeutet nicht nur das Kennenlernen fremder Menschen. Dazu gehören auch jede Menge neue Erfahrungen: Autofahren, Gebürstetwerden, Geräusche und Bilder aus dem Fernseher, Laufen durch dichte Menschenmengen – die Liste ist endlos. Je mehr Erfahrungen Ihr Welpe machen kann, und je positiver diese für ihn sind, desto weniger schockiert und ängstlich wird er mit der Zeit auf Unbekanntes reagieren.

Eine andere Möglichkeit – und sicher nicht die schlechteste! – ist natürlich, den Kleinen in seiner Box von Anfang an neben Ihrem Bett schlafen zu lassen. So fühlt er sich nicht alleingelassen, und überdies merken Sie es auch nachts sofort, wenn er unruhig wird und „Gassi" muß – seiner Stubenreinheit ist das außerordentlich förderlich. Grundsätzlich spricht nichts gegen einen Hund im Schlafzimmer, sofern er gesund ist – dies ist eher eine Frage des Prinzips.

Typische Welpenprobleme

Die Sozialisierung

Nachdem Sie alle Vorbereitungen hinter sich gebracht haben und den Welpen einigermaßen an die neue Familie und an sein neues Heim gewöhnt haben, ist es endlich an der Zeit, den lang ersehnten Spaß mit ihm zu haben. Den werden Sie spätestens dann bekommen, wenn Sie Ihren Kleinen an fremde Menschen, andere Tiere und neue Situationen gewöhnen. Diese Gewöhnung ist unerläßlich, denn sie wird ihm während des Heranwachsens helfen, problemlos auf neue Erfahrungen zu reagieren. Außerdem haben Sie bei Ihren Ausflügen die willkommene Gelegenheit, Ihr Prachtstück der Öffentlichkeit zu präsentieren. Ihr Welpe wird seine Wirkung als allerliebstes Fellbündel genießen, das jeder für absolut herzig hält (geben Sie es zu: Das macht Sie mächtig stolz?...).

Die erste Sozialisierung hat Ihr Welpe – hoffentlich – schon beim Züchter erfahren. Jetzt liegt es in Ihrer Verantwortung, diesen Prozeß fortzuführen. Die Phase im Alter von ungefähr 12 bis 14 Wochen ist dabei von besonderer Bedeutung, da die Erfahrungen in dieser Zeit, ihn besonders nachhaltig prägen. Er braucht jede Menge menschlichen Kontakt, Zärtlichkeit, Streicheleinheiten und den Umgang mit anderen Tieren.

Gehen Sie in der Zeit von acht bis zehn Wochen besonders sorgsam mit ihm um – dies ist eine Phase, in der die meisten Welpen zu vermehrter Ängstlichkeit nei-

Eine ungewöhnliche Freundschaft!

gen. Versuchen Sie, sein Selbstbewußtsein durch Aufmunterung zu stärken.
Wenn Ihr Welpe erst einmal alle notwendigen Schutzimpfungen erhalten hat, steht Ihren Spaziergängen mit ihm (natürlich an der Leine!) nichts mehr im Wege. Machen Sie zunächst kleinere Gänge durch die Nachbarschaft, nehmen Sie ihn, wann immer möglich mit, wenn Sie Besorgungen machen, lassen Sie ihn von Fremden anfassen, lassen Sie ihn mit anderen Hunden zusammen. Bei Welpen ist dies üblicherweise nicht schwierig; vermutlich werden mehr Leute ihn streicheln wollen, als Ihnen auf Dauer lieb ist! Sie tun allerdings gut daran, jede Annäherung genau zu beobachten, damit Sie im Notfall sofort eingreifen können. Wenn zum Beispiel die Nachbarskinder kommen und Ihren Kleinen begrüßen wollen, dann ist das in Ordnung – Welpen und Kinder sind fast immer von Natur aus wunderbare Spielkameraden. Aber manchmal passiert es eben, daß ein Kind den Welpen im Eifer des Gefechts

etwas ungeschickt anfaßt und ihm wehtut, oder daß die spitzen Welpenzähne im Spiel zu fest zupacken – das sind die Momente, in denen Sie beruhigend eingreifen müssen. Die Erfahrungen, die der Welpe während dieser Sozialisierungsphase macht, sollen möglichst positiv sein, weil hiervon sein Verhalten auch im Erwachsenenalter entscheidend geprägt wird.

Wußten Sie schon, daß...
ein umzahnender Welpe sich durch sein ständiges Knabbern Erleichterung verschaffen will, weil sein Zahnfleisch und der Gaumen gereizt sind? Vielleicht findet er zu diesem Zweck ausgerechnet an Ihren Lieblingsschuhen Gefallen! Auch kleine Yorkie-Zähne sind hier nicht zu unterschätzen. Vergessen Sie nicht: Dieser Kaudrang ist völlig normal und darf deshalb auch nicht von Ihnen unterdrückt werden – Sie sollten ihn aber in die richtigen Bahnen lenken, und die bestimmen nun einmal Sie. Ihr Welpe muß lernen, woran er sein Kaubedürfnis hemmungslos austoben darf und was für ihn tabu ist. Machen Sie ihm letzteres konsequent jedesmal mit einem scharfen „Nein" klar, wenn Sie ihn ertappen, und geben Sie ihm sofort ein „erlaubtes" Kauspielzeug. Andererseits: loben Sie ihn überschwenglich, wenn er sich von allein dem für ihn bestimmten Spielzeug zugewandt hat. Auf diese Weise fördern Sie sein erwünschtes Verhalten. Übrigens sollte der typische Welpen-Kaudrang nach dem Zahnwechsel nachlassen; es ist jedoch eine Tatsache, daß auch die meisten erwachsenen Hunde nicht aufhören, an Gegenständen zu kauen – vielleicht aus Langeweile oder als Übersprunghandlung, oder vielleicht auch nur, weil es ihnen Spaß macht. Deshalb ist es um so wichtiger, daß schon der Welpe lernt, woran er kauen darf und woran nicht.

Jeder Hund braucht den Kontakt zu Artgenossen – doch beim ‚ersten Mal' ist erhöhte Aufmerksamkeit geboten.

Konsequente Erziehung

Als geborene Rudeltiere brauchen Hunde von Natur aus eine Leitfigur, andernfalls versuchen sie, sich selbst zum Anführer der Meute hochzuarbeiten. Instinktiv wird Ihr Yorkshire Welpe versuchen, eine möglichst übergeordnete Stellung zu erobern – und er hat zweifellos mit sei-

Wußten Sie schon, daß...
junge Hunde mit etwas schüchterner, ängstlicher Persönlichkeit sich eher unterordnen und manchmal leichter zu erziehen sind? Temperamentvolle Hunde mit starkem Charakter wollen beim Erziehungstraining dagegen „überzeugt“ werden. Haben Sie das Gefühl, Ihr Welpe sei unerziehbar, ist es ratsam, fachmännische Hilfe in Anspruch zu nehmen - vielleicht müssen Sie auch lernen, wie man einen Hund erzieht.

nem allerliebsten Aussehen und diesem schmelzenden Blick in diesem Machtkampf einen unfairen Vorteil. Es ist fast unmöglich, da nicht klein beizugeben! Und er testet mit Sicherheit aus, wie weit er gehen kann. Deshalb: Seien Sie stark! Behaupten Sie sich, wenn es darum geht, dem Welpen zu zeigen, was er darf und was nicht. Und bringen Sie Ihre Lieben dazu, sich genauso zu verhalten! Es würde den Kleinen nämlich gehörig durcheinanderbringen, wenn Mutter von ihm verlangte, von genau jener Couch herunter zu gehen, auf der er schließlich mit Vater bis zum Ende der Spätnachrichten zu liegen pflegt ...
Vermeiden Sie solche Verwirrungen, indem Sie entsprechende Regeln möglichst schon vor dem Einzug des Welpen im Familienrat festlegen ... und seien Sie dann konsequent in der Einhaltung derselben! Solche Früherziehung formt die Persönlichkeit des Hundes.

Häufige Probleme

Der beste Weg, Probleme zu vermeiden, ist, schon die ersten Anzeichen unerwünschter Verhaltensweisen im Keim zu ersticken. Das alte Sprichwort „Was Hänschen nicht lernt, lernt Hans nimmermehr“ ist zwar nicht in jedem Fall richtig, aber es ist zweifellos empfehlenswert, Unarten bereits im Welpenalter zu unterbinden. Hier einige Beispiele:

Zwicken

Wenn der Zahnwechsel beginnt, können die meisten Welpen dem Drang nicht widerstehen, in alles und jedes zu beißen ... unglücklicherweise schließt das mit ziemlicher Sicherheit auch Ihre Finger, Ihren Arm, Ihre Haare, Ihre Zehen ... also alles, was zufällig gerade erreichbar ist, ein. Nun mögen Sie das ja im ersten Moment niedlich und süß finden – bis Ihnen nach höchstens fünf Sekunden nachdrücklich klar wird, wie scharf diese kleinen Welpenzähne sind! Spätestens dann werden Sie auf der Stelle beschließen, ihm diese Unart auf Dauer abzugewöhnen – und

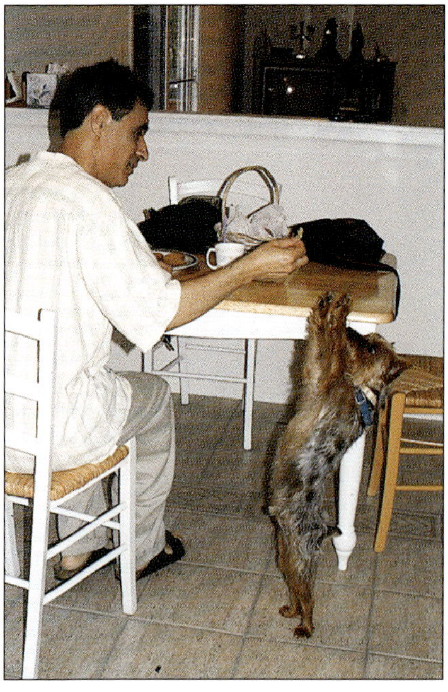

Betteln - ein Fehler, den Sie vermeiden sollten!

wenn ihm nicht schon Ihr spontaner Schmerzensschrei gezeigt hat, daß es jetzt für ihn ernst wird, dann sollten Sie ihm dies mit einem scharfen „Nein“ klarmachen (vielleicht bedarf es auch mehrerer „Neins“); und Ihren Finger durch ein geeigneteres Kauspielzeug ersetzen. Beim jungen Hund ist diese Unart einfach nur lästig, beim erwachsenen Hund – auch beim Yorkie kann sie durchaus unangenehm oder gar gefährlich sein.

Winseln und Jaulen

Wie bereits angedeutet, könnte Ihr Welpe durch die verschiedensten Lautäußerungen protestieren, wenn er allein gelassen wird: Er kann schreien, jaulen, winseln, heulen – kurz: einen ziemlichen Aufruhr entfachen. Dies ist eben seine natürliche Art, Aufmerksamkeit zu erregen und Ihnen zu zeigen, daß er da ist und Sie ihn nicht vergessen dürfen. Allein fühlt er sich unsicher, zum Beispiel, wenn Sie das Haus verlassen haben und er in seiner Box ist, oder wenn Sie sich in einem anderen Teil des Hauses befinden und er Sie nicht sehen kann. Der Lärm, den er dann macht, ist Ausdruck seiner Angst vor dem Alleinsein – und deshalb müssen Sie ihm beibringen, daß das Alleinsein nichts Schlimmes ist. Wohlgemerkt, Sie erziehen ihn nicht unmittelbar dazu, ruhig zu sein; Sie zeigen ihm lediglich, daß er sich auch allein wohlfühlen kann – wenn Sie das zuwege gebracht haben, entfällt für ihn letztlich der Grund für sein Jaulen. Hier kommen die bereits angesprochenen Kuscheldecken und die Spielzeuge in seiner Box zum Einsatz. Wenn Sie nicht in seiner Nähe sind und ihn somit nicht ständig im Blick haben, ist er in seiner Box viel sicherer untergebracht als auf Erkundungsgängen im Haus. Wenn er also ruhig und ohne Protest in seiner Box bleiben soll, müssen Sie ihm diese so angenehm wie möglich gestalten. In diesem Zusammenhang ist der deutliche Hinweis unumgänglich, daß Sie ihn niemals zur Strafe in seiner Kiste einsperren dürfen – das würde er nie vergessen, und er würde fortan Negatives mit ihr assoziieren. Gewöhnen Sie Ihren Welpen langsam an die Box, indem Sie ihn zunächst nur kurz, dann für allmählich länger werdende Zeitspannen hineinsetzen – ein Leckerbissen als Belohnung kann dabei Wunder wirken! Wenn er jault oder anderweitig Theater macht, gehen Sie nicht sofort zu ihm, aber bleiben Sie in Sichtweite. Er wird so ziemlich schnell merken, daß es auch ohne Sie nicht schlimm für ihn ist, in der Box zu sein – sogar, wenn Sie gar nicht im Haus sind. Vielleicht hilft es ihm, wenn Sie während Ihrer Abwesenheit das Radio leise spielen lassen – der Klang menschlicher Stimmen wirkt auf die meisten Welpen ungemein beruhigend.

Wußten Sie schon, daß...

viele der Probleme, die Ihr Welpe verursacht, ganz natürliche Ursachen haben und mit seinem Heranwachsen fast von allein verschwinden? Trotzdem sollten Sie nicht zu sorglos damit umgehen, denn die Art, wie Sie sie behandeln, wenn er jung ist, bestimmt seine Disziplin im Erwachsenenalter. Es ist wichtig, von vornherein unmißverständlich klarzustellen, wer der Herr im Haus ist (und das sind doch hoffentlich Sie?). Dies wird Ihr Verhältnis zueinander für die gesamte Dauer Ihres Zusammenlebens prägen!

Innere Organe und Skelett-struktur

1. Speiseröhre
2. Lunge
3. Gallenblase
4. Leber
5. Niere
6. Magen
7. Darm
8. Blase

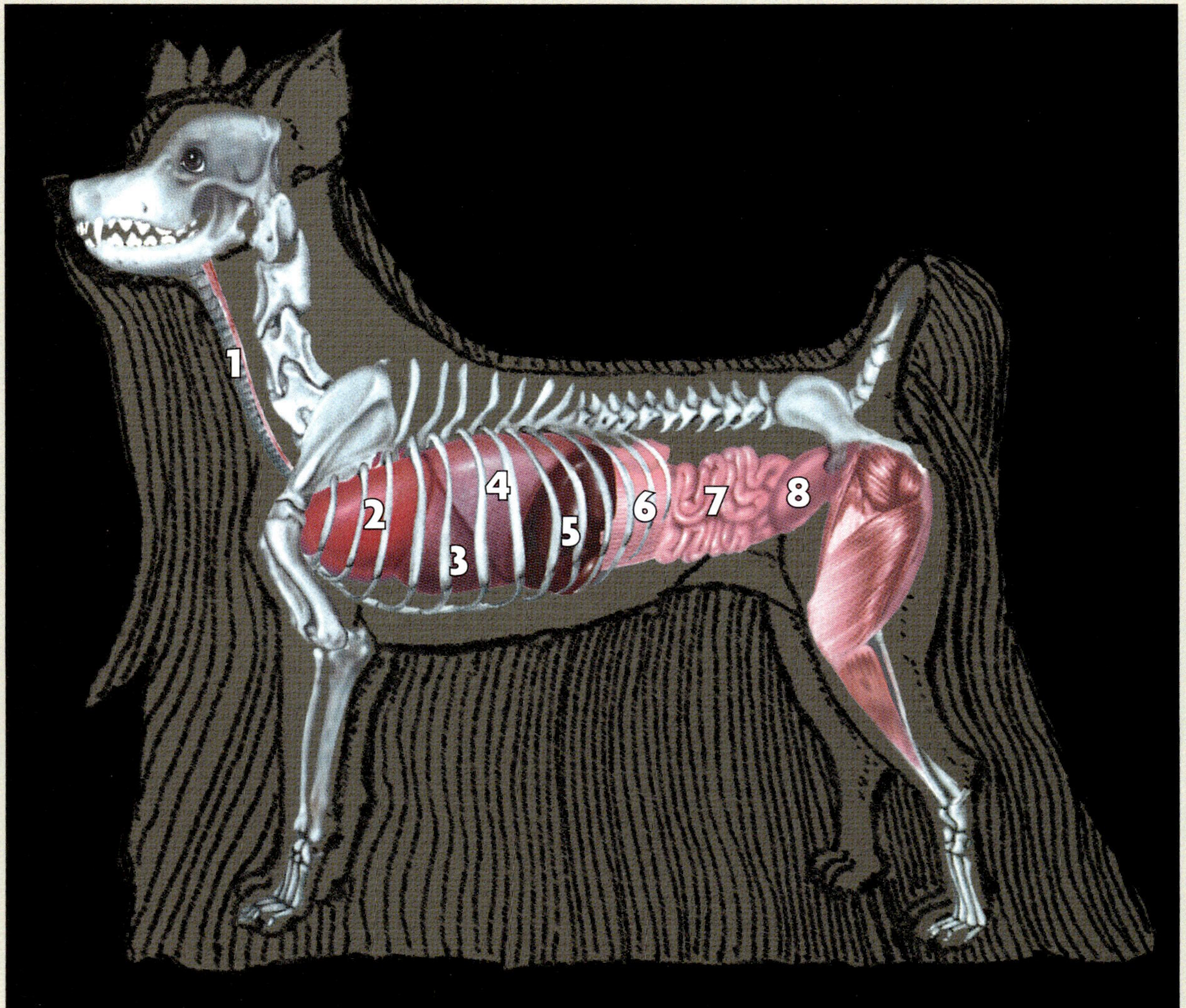

Die tägliche Pflege Ihres Yorkshire Terrier

Ernährung und Fütterung

Sie haben es wahrscheinlich schon tausendmal gehört: Man ist, was man ißt. Ob Sie es glauben oder nicht, das Sprichwort trifft den Nagel auf den Kopf! Auf Ihren Hund übertragen bedeutet das, er ist, was Sie ihm zu fressen geben (er hat nun mal keine andere Wahl). Eins ist klar: Ihr guter Wille allein reicht nicht zu seiner bedarfsgerechten Ernährung; hierzu benötigen Sie zu allererst solide Grundkenntnisse über artgerechte Hundeernährung.

Es gibt drei Arten von Hunde-Fertigfutter: Trockenfutter, Halbfeuchtfutter und Dosenfutter. Trockenfutter kommt dem kostenbewußten Hundebesitzer entgegen, denn es ist um einiges billiger als Halbfeucht- oder Dosenfutter (obwohl dieser Faktor bei einem Hund von der Größe eines Yorkies sicher keine entscheidende Rolle spielt.). Es enthält am wenigsten Fett, dafür aber die meisten Konservierungsstoffe. Dosenfutter besteht fast immer zu 60 bis 70 % aus Wasser, während manche Halbfeuchtfutter so viel Zucker enthalten, daß sie von den meisten Hundebesitzern verständlicherweise gemieden werden (obwohl die meisten Hunde es mögen – so wie fast alle Kinder Süßigkeiten!).

Drei Entwicklungsstufen des Hundes müssen beachtet werden, wenn die Ernährung art- und altersgerecht sein soll: Das Futter für einen Welpen muß anders zusammengesetzt sein als das des erwachsenen Hundes, und das geeignete Futter für den alten Hund unterscheidet sich ebenfalls deutlich.

Es empfiehlt sich, zunächst die Fütterungsempfehlung Ihres Züchters beizubehalten.

Wußten Sie schon, daß...
das Aussehen, der Geruch und die Konsistenz des Kotes Ihres Hundes wertvolle Hinweise auf die für ihn beste Ernährung geben? Ein gesunder Hund setzt üblicherweise dreimal am Tag Kot von halbfester Beschaffenheit ab, der nicht unangenehm riecht und auch jedesmal die gleiche Farbe hat.

Die Fütterung des Welpen

Die natürliche Ernährung des Welpen ist zunächst – wie jeder weiß – die Mutter-

Für sehr junge Welpen gibt es nichts Besseres als Muttermilch.

milch der Hündin. Der Saugreflex ist jedem Welpen angeboren und schon kurz nach der Geburt mehr oder weniger ausgeprägt. Wenn ein Welpe nicht innerhalb der ersten Stunden seines Lebens beginnt, bei seiner Mutter zu saugen, versucht der verantwortungsvolle Züchter, ihn anzulegen. Hat der Kleine es auch dann noch nicht gelernt, muß er gegebenenfalls für einige Zeit mit der Flasche und spezieller Welpenmilch gefüttert werden, die aber die echte Muttermilch nur unvollkommen ersetzen kann. Die Muttermilch der ersten Tage, die sogenannte Kolostralmilch, enthält Stoffe, die

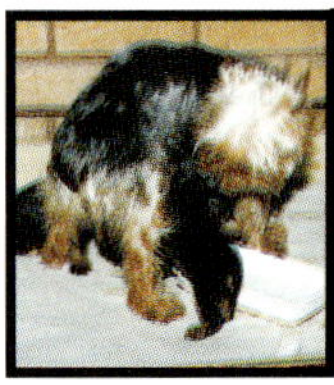

Erst nach Beendigung des Wachstums ist ein Hund als „erwachsen" anzusehen.

die Abwehrkräfte des Welpen gegen Infektionen aktivieren, so daß er für die erste Zeit seines Lebens geschützt ist, und dies kann keine künstliche Welpenmilch. Natürlich sollte in solch einem Fall von vornherein der Tierarzt hinzugezogen werden, denn irgend etwas fehlt einem solchen Welpen – und Defekte können gar nicht früh genug erkannt werden.

Bis zum Alter von ungefähr sechs Wochen gibt es für die meisten Welpen nichts besseres – und auch nichts schöneres! –, als bei der Mutter zu saugen. Dies sollte auch keinesfalls unterbunden werden, aber die langsame Gewöhnung an anderes Futter kann schon im Alter von vier Wochen durch kleine Gaben geeigneten Zusatzfutters beginnen.

Yorkshire-Terrier-Welpen müssen während der ersten drei Lebenswochen besonders sorgfältig überwacht werden, da sie – wie die Welpen anderer Zwerghunderassen auch – zu einer Neugeborenen – Hypoglykämie, einem zu niedrigen Blutzuckergehalt, neigen könnten, die aus den begrenzten Reserven an Glykogen und dem noch nicht vollständig arbeitenden Leberstoffwechsel bei neugeborenen Welpen resultiert. In solchen Fällen ist eine bestimmte Zufütterung nötig. Hypoglykämie äußert sich durch Schütteln, Zittern und allgemeine Unruhe und Nervosität. Damit Sie im Notfall sofort eingreifen können, sollten Sie schon vor der Geburt der Welpen Ihren Tierarzt konsultieren.

Im Alter von acht Wochen ist der Entwöhnungsprozeß üblicherweise abgeschlossen, und die Welpen sind vollkommen auf altersgerechtes Welpenfutter umgestellt. Die Zusammensetzung dieses Futters ist von äußerster Wichtigkeit, denn ein Hund wächst und entwickelt sich nie wieder so schnell wie in seinem ersten Lebensjahr. Es werden viele verschiedene Futtersorten angeboten; zweckmäßigerweise lassen Sie sich von Ihrem Züchter oder auch von Ihrem Tierarzt das jeweils geeignete Futter empfehlen. Gutes Welpen-Fertigfutter ist auf den kompletten Nährstoffbedarf des Welpen abgestimmt und macht

Welches Futter bekommt Ihr Hund?

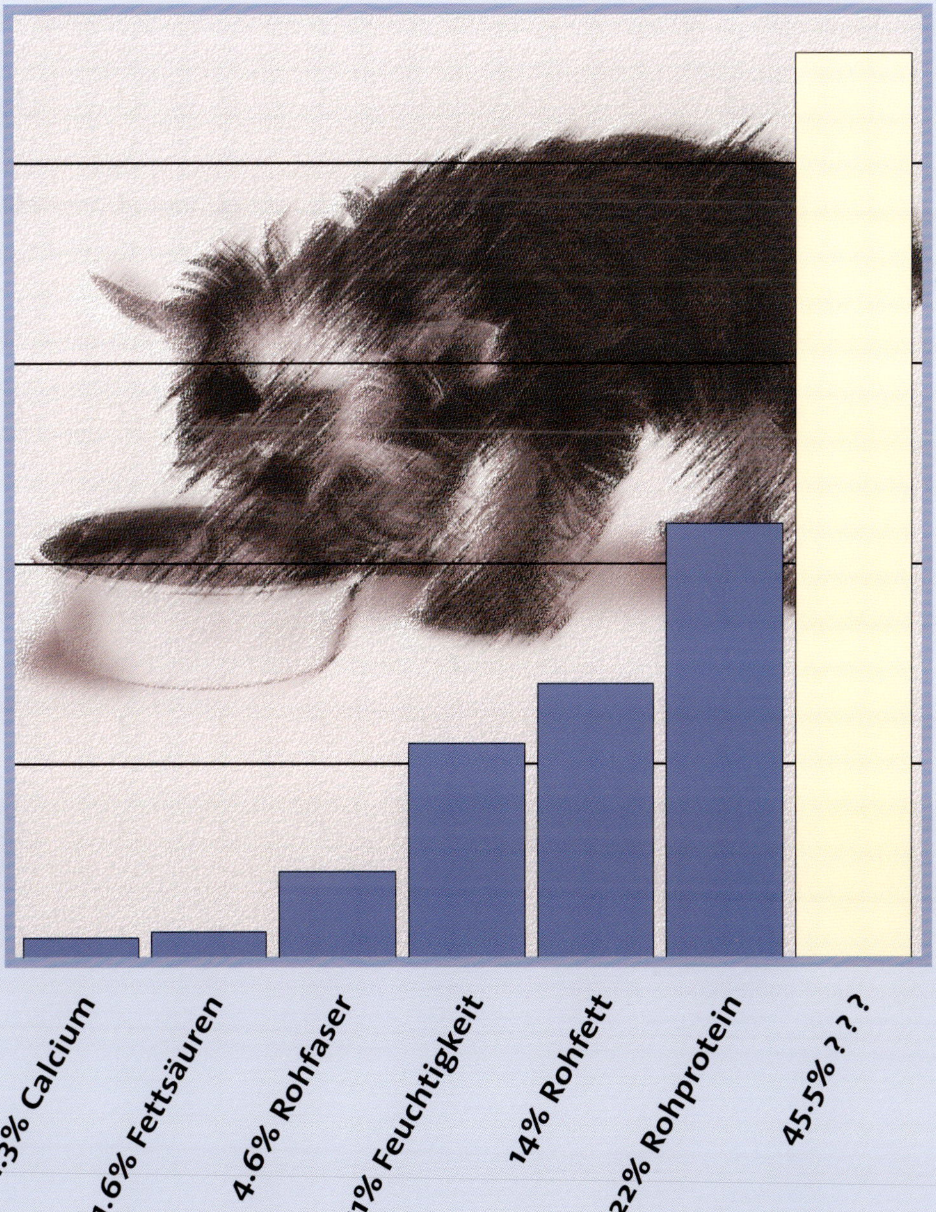

Lesen Sie sorgfältig die auf der Futterpackung angegebene Zusammensetzung des Inhalts. Bei einigen Produkten werden nur 50 bis 55 % der Inhaltsstoffe genannt, über die restlichen 45 % darf gerätselt werden.

Die Qualität des Futters zeigt sich auch in gesunder Haut und glänzendem Fell.

die zusätzliche Fütterung von Mineralstoffen, Vitaminen und Eiweiß überflüssig, wenn nicht gar gefährlich. Bis zum, ungefähren Alter von 9 bis 12 Monaten sollte Ihr Yorkshire Terrier Spezialfutter für heranwachsende Hunde bekommen, dann beginnt seine Erwachsenen-Phase auch in der Ernährung.

Die Fütterung des erwachsenen Hundes
Im allgemeinen gilt ein Hund dann als „erwachsen", wenn sein Wachstum in jede Richtung – in die Höhe, die Länge und die Breite – beendet ist. Lassen Sie sein Gewicht zu diesem Zeitpunkt noch ganz außer acht; der Reifeprozeß auch eines Yorkshire Terriers ist dann nämlich noch längst nicht abgeschlossen: Er kann sich bis zum Alter von zwei Jahren hinziehen (manchmal sogar noch länger); erst dann hat der Hund seine endgültige Substanz erreicht. Auch für diese Altersstufe sind zahlreiche Futtersorten auf dem Markt; fragen Sie auch hier Ihren Züchter oder den Tierarzt um Rat. Ist Ihr Hund sehr aktiv, hat er einen anderen Futterbedarf als ein eher ruhiger Hund. Stehen mehrere gleichwertige Sorten zur Auswahl, können Sie getrost den Geschmack Ihres Hundes entscheiden lassen.

Die Fütterung des Hundes im Alter
Mit sieben oder acht Jahren kann beim Yorkshire Terrier bereits das „Seniorenal-

ter" beginnen. Mit dem Älterwerden des Hundes ändert sich auch sein Stoffwechsel. Außerdem bewegt sich der Hund seltener und langsamer und sein Schlafbedürfnis wächst. Diese Veränderung in der Lebensweise und in der körperlichen Betätigung erfordert auch einen Wechsel in der Ernährung. All diese Veränderungen gehen langsam und oft unmerklich vonstatten. Auffallen wird Ihnen vermutlich zunächst eine deutliche Gewichtszunahme Ihres Yorkies, obwohl die Art und die Menge seines Futters völlig gleichgeblieben ist. Die Erklärung ist einfach: Mit seinem seit Jahren gewohnten Futter bekommt Ihr Hund auch stets die gleiche Nährstoffmenge; aufgrund seines verlangsamten Stoffwechsels benötigt er nun aber weniger – und speichert alles Überschüssige in Fettpolstern. Fettleibigkeit verschlimmert jedoch noch die gesundheitlichen Probleme, für die ein Hund im Alter ohnehin anfällig ist: Die meisten seiner Organe funktionieren nicht mehr wie früher, seine Nieren arbeiten langsamer, die Futterverdauung im Darm verschlechtert sich. Diese altersbedingten Defizite sind am besten durch eine entsprechende Ernährungsumstellung auszugleichen, außerdem sollten Sie Ihrem alten Hund sein Futter in mehreren kleinen und somit besser verdaulichen Portionen anbieten.

Übrigens gibt es für das ideale Senioren-Futter kein Patentrezept: Einigen bekommt kalorienreduziertes "Leicht"-Futter am besten, andere kommen mit Spezialfutter für alte Hunde am besten zurecht, anderen wiederum tut Welpenfutter mit seinem hohen Nährstoffangebot gut, und manche vertragen hochwertiges Diätfutter – zum Beispiel auf der Grundlage von Lammfleisch und Reis – am besten. Versuchen Sie mit Einfühlungsvermögen und Fingerspitzengefühl herauszufinden, was das beste Futter für Ihren alten Yorkshire Terrier ist – dies trägt vielleicht entscheidend dazu bei, daß Sie die Probleme, die ihr alter Freund unweigerlich früher oder später bekommt, so lange wie möglich in Grenzen halten.

Trinkwasser

Ebenso wie Ihr Hund gutes Futter benötigt, muß er auch genug sauberes, frisches Wasser bekommen. Auch dies

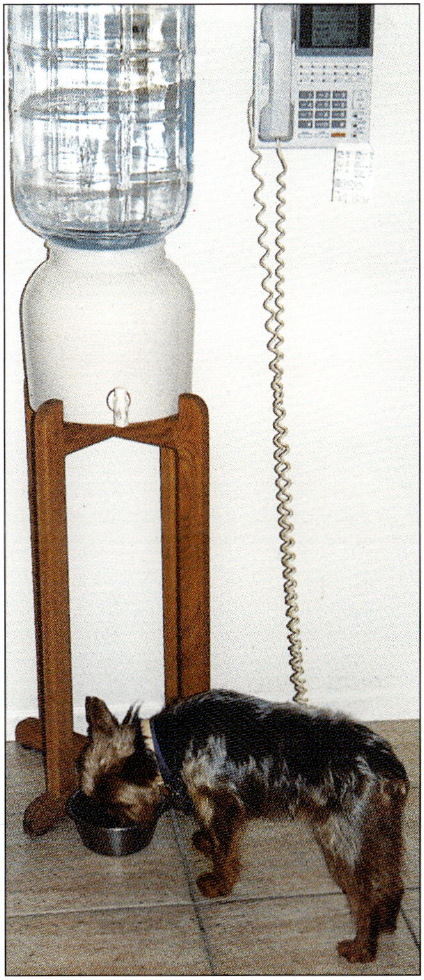

Sauberes, stets frisches Wasser ist für die Gesundheit Ihres Yorkies von essentieller Bedeutung.

Wußten Sie schon, daß...
viele Futtersorten für den erwachsenen Hund auf der Grundlage von Getreide hergestellt sind? Dagegen ist auch nichts einzuwenden, solange kein Sojamehl enthalten ist. Allerdings kann Futter, das viel Getreide enthält, Blähungen verursachen. Meist gehört derartiges Futter nicht zu den teuersten Sorten, und normalerweise deckt es den Nährstoffbedarf des gesunden Hundes genausogut wie ein teures Produkt mit tierischem Eiweiß. Es kann aber auch sein, daß Ihr Hund echtes Diätfutter benötigt. Entsprechende Spezialprodukte sind beim Tierarzt erhältlich, der Ihnen – nach sorgfältiger Diagnose! – das für die Erfordernisse Ihres Hundes optimale Futter empfehlen wird.

Es ist zwar eine Augenweide, einen gesunden Yorkie in vollem Haar tagtäglich um sich zu haben, bedeutet jedoch viel Arbeit.

gehört zu seinen Grundbedürfnissen (das ist natürlich nichts neues für Sie). Wasser ist lebensnotwendig, um sämtliche Körperfunktionen in Gang zu halten und um den Körper nicht austrocknen zu lassen. Während der Phase seiner Erziehung zur Stubenreinheit sollten Sie schon ein Auge darauf haben, wieviel Ihr Welpe wann trinkt, aber erst wenn er sicher sauber ist, sollte frisches Wasser jederzeit zur Verfügung stehen. Achten Sie im übrigen darauf, daß der Wassernapf sauber ist, und wechseln Sie das Hundewasser regelmäßig – schmutziges und abgestandenes Wasser sind gleichermaßen ungeeignet für Ihren Hund.

Bewegung

Regelmäßiger Auslauf ist ein Muß für jeden Hund, gleichgültig welcher Rasse er angehört. Ein ruhiger Lebensstil ohne Bewegung ist für einen Hund genauso ungesund wie für einen Menschen. Glücklicherweise ist es für den Halter eines Yorkshire Terriers recht einfach, den Bedürfnissen seines Hundes zu genügen. Regelmäßige Spaziergänge, Spielstunden und Freilauf im Garten (unter Ihrer Aufsicht) sind für einen Yorkshire Terrier völlig ausreichend.
Genügend Bewegung hält ihn nicht nur körperlich fit, sondern trägt auch zu seinem mentalen Wohlbefinden bei: Er ist ausgelastet und kommt nicht auf dumme Gedanken, die sich möglicherweise in Zerstörungswut ausdrücken könnten. Daneben ist die Bewegung natürlich auch für Sie selbst von Nutzen!

Die Fellpflege

Während ein Yorkshire Terrier hinsichtlich seiner Ernährung, des erforderlichen Auslaufs und seiner Platzbedürfnisse vergleichsweise wenig anspruchsvoll ist,

stellt die Pflege seines Fells doch beträchtliche Ansprüche an seinen Besitzer. Vorab sei gesagt: Kämmen und Bürsten stehen beileibe nicht an oberster Stelle, um ein standardgerechtes Yorkshire-Haar zu erhalten! Wenn einem Yorkie die Veranlagung zu korrektem Haar nicht "angeboren“ ist, wird sein Haar auch durch die beste Pflege und Fütterung nie wirklich standardgerecht. Kämmen, Bürsten und Baden sind insofern zweitrangig.

Eines der wichtigsten Attribute eines typischen Yorkies ist nämlich das lange, seidige Haar mit seiner einzigartigen blauen Farbe. Dieses Haar in voller Länge zu erhalten, erfordert besonderen Pflegeaufwand, der üblicherweise nur bei Ausstellungshunden betrieben wird. Für den „normalen“ Yorkie und seinen Besitzer ist es zweckmäßiger, das Haar auf eine vernünftige Länge zu kürzen. In der Tat kommt es nicht selten vor, daß das lange Haar an Kopf und Fang den Hund beim Fressen stört, weil es bis in die Futterschüssel herabhängt. Beim Kauen und Spielen wird es ohnehin arg strapaziert! Ein Yorkie in vollem Haar muß fortwährend beobachtet werden, wenn sein Haar nicht beim Spielen oder auch auf dem Spaziergang leiden soll. Viele Besitzer „wickeln“ das Haar ihres Hundes, damit er sich bewegen kann und das Haar trotzdem auf eine annehmbare Länge heranwächst. An diese Stelle gehört der deutliche Hinweis, daß stets die Bedürfnisse des Hundes oberste Priorität haben müssen: Sonne, Spiel und Auslauf dürfen niemals dem Streben nach perfektem Ausstellungshaar geopfert werden!

Wenn Sie Ihren Hund auf Ausstellungen präsentieren wollen, lassen Sie sich am besten von Ihrem Züchter beraten: Er wird Ihnen zeigen, wie Sie das Haar Ihres

Waschen Sie Ihren Yorkie unter einem sanften Strahl warmen Wassers.

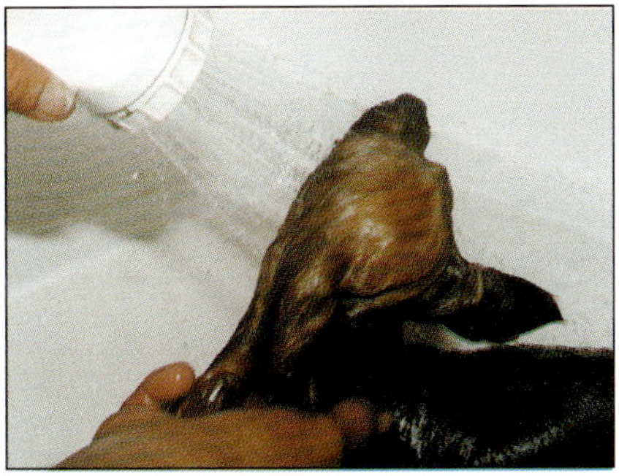

Sprühen Sie nicht direkt in sein Gesicht, um Augen und Ohren so gut wie möglich zu schützen.

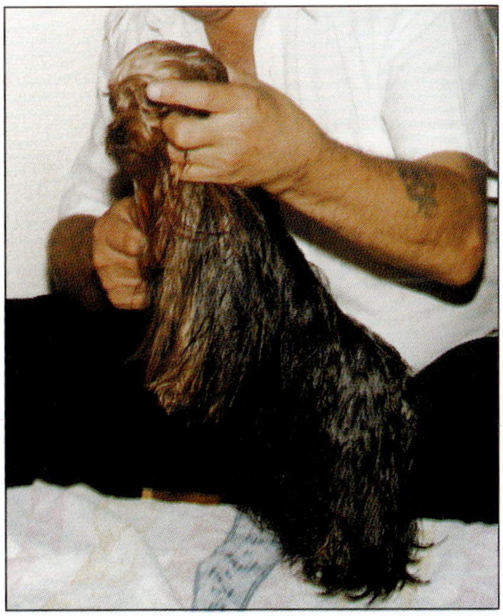

Kämmen Sie das Haar nach dem Baden schonend und vorsichtig, um es nicht zu beschädigen.

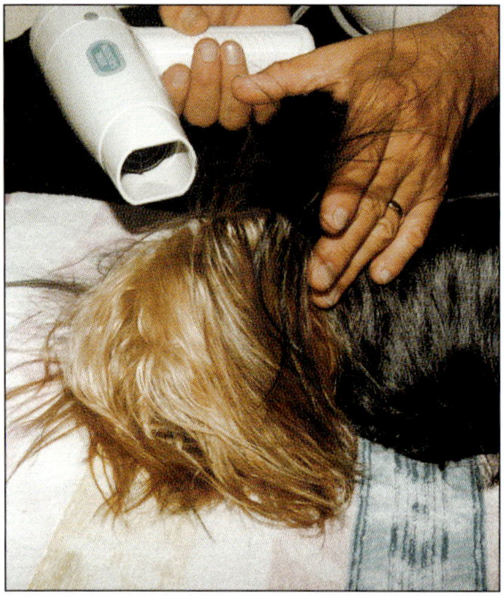
Schonende Trocknung mit einem nicht zu heiß eingestellten Handföhn.

Hundes in Spezialpapier „verpacken" und hochwickeln müssen. Übrigens: Entgegen landläufiger Meinung fühlen sich die Hunde auch mit ihren Papierwickeln im Haar pudel- (oder besser: yorkie-) wohl – das wird jeder zugeben müssen. Natürlich benötigt auch der als Haushund gehaltene Yorkie regelmäßige Pflege.
Gewöhnen Sie schon Ihren jungen Hund an das tägliche Bürsten - dann lieben die meisten Yorkies diese tägliche Prozedur sogar. Für das wachsende Haar kleiner Welpen ist eine Bürste mit langen Naturborsten völlig ausreichend; doch Vorsicht: die Augen sind sehr empfindlich! Wie jeder Hund wird auch Ihr Yorkie-Welpe eifrig seine Umgebung erforschen; deshalb ist ein gelegentliches Bad sicherlich vonnöten. Außerdem sollten Sie nach jeder Mahlzeit seine verklebten Haare am Fang säubern.

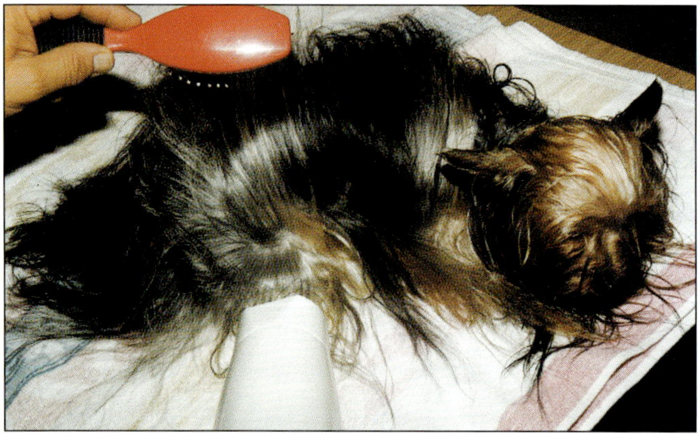
Zur Vermeidung von Knoten sollten Sie das Haar während des Föhnens mit einer Drahtbürste glattbürsten.

Das tägliche Bürsten ist wichtig für die Hautgesundheit und stimuliert die Talgdrüsen, das natürliche Hautfett zu bilden, das dem Haar Glanz und Geschmeidigkeit verleiht. Außerdem hindert es das Haar daran, zu verfilzen, es entfernt Staub und Schuppen und gegebenenfalls auch totes Haar. Auch beim erwachsenen Yorkie empfiehlt sich eine Bürste mit Naturborsten, mit der Sie das Haar lagenweise vom Ansatz bis zu den Spitzen sanft, aber gründlich durchbürsten. Dies sollten Sie wirklich jeden Tag tun – jeder Pausentag verursacht beim nächsten Bürsten die doppelte Mühe. Andererseits ist auch zu häufiges oder

Es ist fast geschafft!

zu heftiges Bürsten von Übel: Die Spitzen der seidigen Haare würden unweigerlich brechen oder sich spalten. Um dies zu vermeiden, empfehlen die meisten Yorkshire-Kenner gelegentliche Öl- oder Lanolin-Haarpflegekuren.

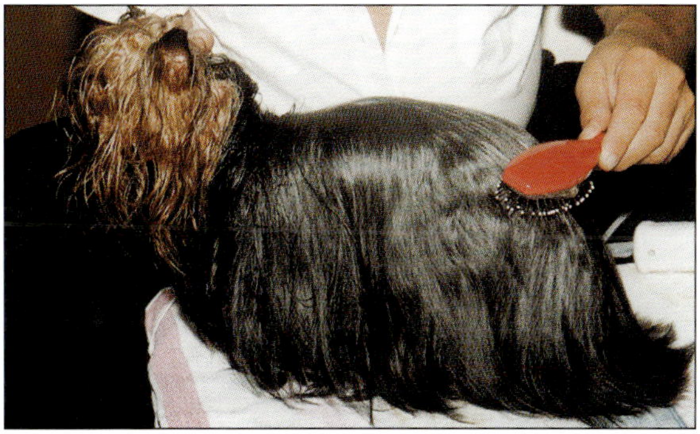

Benutzen Sie eine Bürste mit in einem Gummibett befestigten Drahtborsten, deren Enden zur Schonung der Haut kunststoffüberzogen sind.

Das Baden

Hunde müssen grundsätzlich nicht so oft gebadet werden wie Menschen; dennoch ist ein gelegentliches Bad gesund für Haut und Haare. Ihren Yorkie sollten Sie schon als Welpen daran gewöhnen, gebadet zu werden. Obwohl Sie ihm vermutlich kräftemäßig überlegen sind und ihn festhalten könnten, ist es doch ein gehöriger Streß für Sie und ihn, wenn Sie ihn als ausgewachsenen Hund zum erstenmal ins Bad stellen wollen und er Panik bekommt!
Bevor Sie das Haar anfeuchten, sollten Sie ihn gründlich durchbürsten, da sich Verknotungen erfahrungsgemäß aus nassem Haar schwer entfernen lassen. Wichtig ist eine rutschfeste Unterlage, auf der

Der Topknot sollte mit einem Band oder einer Spange hochgebunden werden – das fördert den rassetypischen Ausdruck.

Wußten Sie schon, daß...
für den menschlichen Gebrauch produzierte Körperpflegemittel wie Shampoo, Schaumbad und Seife für Ihren Yorkshire Terrier schädlich sind? Diese Produkte sind zu scharf und zerstören den Fettfilm auf der Haut und im Fell, der als Schutz vor äußeren Einflüssen wie z.B. Nässe unersetzlich ist. Wirklich nötig ist ein Bad für Ihren Yorkie nur dann, wenn er schmutzig ist oder wenn ein Bad aus medizinischen Gründen vom Tierarzt verordnet wird. Benutzen Sie in jedem Fall ein gutes Hundeshampoo!

Das Wickeln der Barthaare ist sicherlich nur bei ausgesprochenen Ausstellungshunden angesagt!

Wenn schon wickeln, dann so ....

Wußten Sie schon, daß...
Sie Ihren Hund am besten trocknen, indem Sie zunächst alles überschüssige Wasser mit den Händen aus seinem Fell ausdrücken und danach ein saugfähiges Handtuch benutzen? Rubbeln Sie nicht zu stark, damit die Haare nicht verknoten! Natürlich können Sie Ihren Hund auch trockenföhnen. Auf jeden Fall braucht er ein warmes, zugfreies Plätzchen, wenn er langsam trocknen soll. Es gibt auch Produkte zur Trockenreinigung des Fells (üblicherweise als Spray oder Puder), die aber zur Ganzreinigung des Yorkiefells völlig ungeeignet sind und allenfalls eine Notlösung für die Reinigung kleinerer Hautpartien sein können.

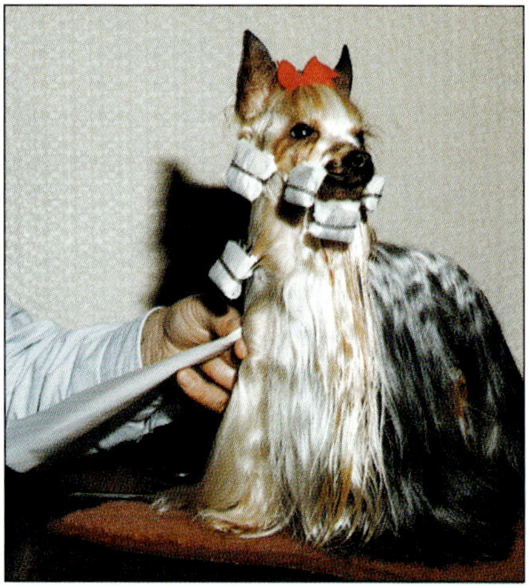

Ihr Hund sicher stehen kann. Dann feuchten Sie das Haar an (dies und auch das Ausspülen zum Schluß gelingt am besten mit einem Schlauch mit Duschkopfaufsatz); selbstverständlich darf das Wasser weder zu kalt noch zu heiß sein.
Tragen Sie danach ein gutes Hundeshampoo auf und schäumen Sie es auf. Waschen Sie den Kopf zum Schluß, damit nichts in die Augen laufen kann.
Massieren Sie das Shampoo gründlich bis auf die Haut ins Fell ein; dabei entgehen Ihnen auch mögliche Hautveränderungen nicht, die sonst vielleicht unentdeckt geblieben wären. Vergessen Sie auch die schwer erreichbaren Körperzonen nicht!
Nachdem das Shampoo genügend Zeit hatte, seine Wirkung zu entfalten, muß das Fell ebenso gründlich gespült wer-

... und nicht so!

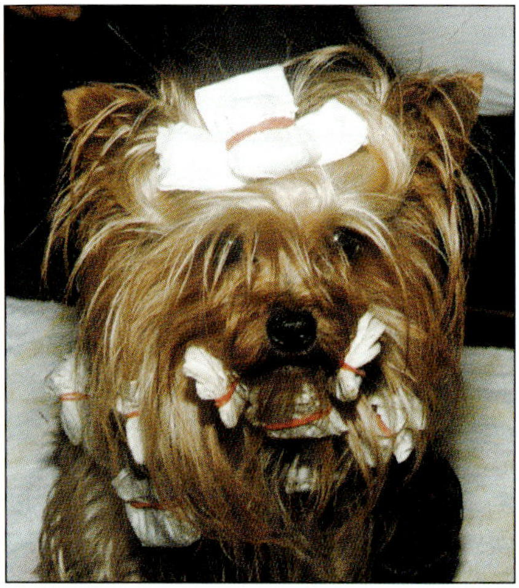

Wie bändigt man den Topknot?

Wie bei anderen Hunderassen wird auch beim Yorkie das auf dem Kopf wachsende lange Haar im allgemeinen mit dem englischen Wort „Topknot" bezeichnet. Damit dieses lange Haar den Hund in keiner Weise beeinträchtigt, wird es üblicherweise mit einem Band oder einer Spange zwischen den Ohren zusammengebunden. So fällt es nach hinten und stört den Hund überhaupt nicht. Lassen Sie sich von einem Fachmann zeigen, wie es gemacht wird!

Verfilzte Haare...
und Knoten finden sich üblicherweise am Bauch oder an den Schenkelinnenseiten Ihres Yorkies. Es gibt sogenannte spezielle Entfilzungssprays oder -lotionen, die das Auskämmen erleichtern sollen und die Prozedur weniger unangenehm machen. Manchmal ist es auch hilfreich, die Filzmatten zunächst mit den Fingern vorsichtig zu entwirren und dann mit dem Kamm zu bearbeiten. Haben Sie – im Interesse Ihres Hundes – Geduld! Wenn Sie Ihren Yorkie täglich bürsten, werden sich die Haare nur im Ausnahmefall verknoten.

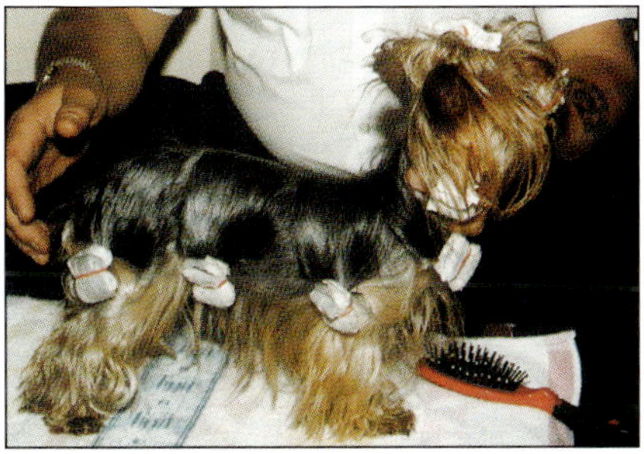

Das „Alltagskostüm„ eines Show-Yorkies.

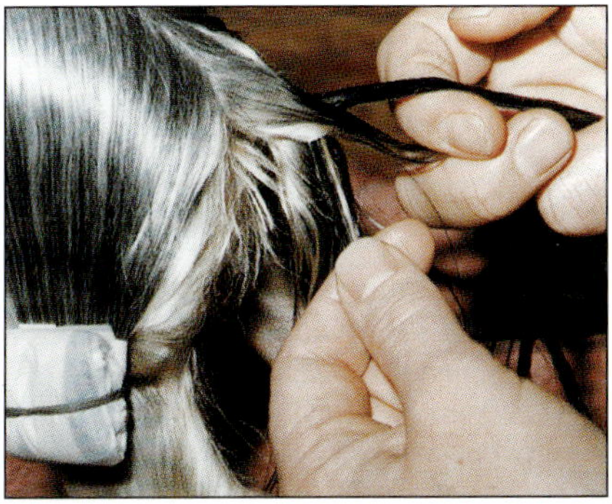

Auch das Haar an der Rute wird frisiert.

den. Shampooreste im Fell können die Haut irritieren. Übrigens ist jetzt der Moment gekommen, in dem sich Ihr Hund todsicher gründlich schüttelt . Als echter Naturbursche gibt es für ihn nichts Schöneres, als jetzt durch das Haus zu flitzen, um sich zu trocknen. Schließen Sie schon vorher sämtliche Türen!

Die Reinigung der Ohren

Kontrollieren Sie regelmäßig, ob die Ohren Ihres Hundes sauber sind! Starker Haarwuchs in den Ohren sollte ausgezupft werden. Sollte eine Reinigung notwendig sein, benutzen Sie einen speziellen Ohrreiniger in flüssiger oder in Puderform. Geben Sie das Präparat in den Gehörgang und lassen Sie es einwirken. Zum vorsichtigen Auswischen der Ohren – was aber in den meisten Fällen gar nicht nötig ist – eignet sich ein Wattebausch, der den empfindlichen Gehörgang nicht zusätzlich reizt. Wenn Ihr Hund aber immer wieder spontan seinen Kopf schüttelt und versucht, sich am Ohr zu kratzen, deutet dies auf eine Infektion oder auf Milbenbefall hin, und wenn er zudem unangenehm aus den Ohren riecht, ist es höchste Zeit für eine gründliche Untersuchung durch den Tierarzt.

Die Pflege eines Yorkshire Terriers erfordert Geschicklichkeit, Zeit und Geduld.

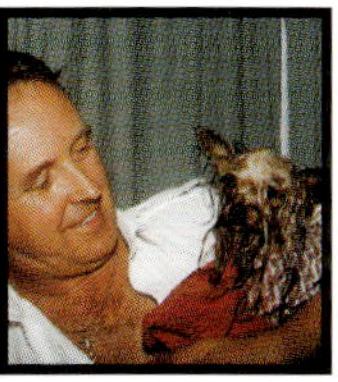

Das würden SIE von Ihrem Yorkie doch nicht verlangen?

Das Krallenschneiden

An die Prozedur des routinemäßigen Krallenschneidens sollten Sie Ihren Hund schon im Welpenalter gewöhnen, sonst wird es später zum Problem! Dafür gibt es mehrere Gründe: Ein Hund mit zu langen Krallen kann Ihnen, wenn er fröhlich an Ihnen hochspringt, unwillkürlich Kratzer zufügen; außerdem können sich die Krallen leicht festhaken und beschädigt werden. Selbst wenn dies nicht geschieht: Zu lange Krallen führen auf Dauer zu unschönen Spreiz- oder Plattpfoten, die sogar die Bewegung des Hundes beeinträchtigen können.

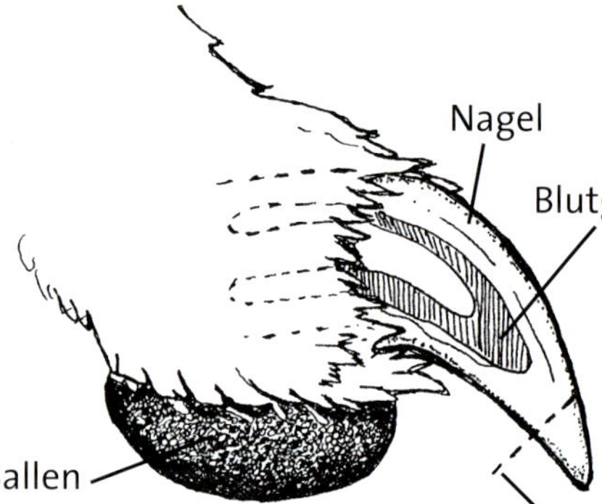

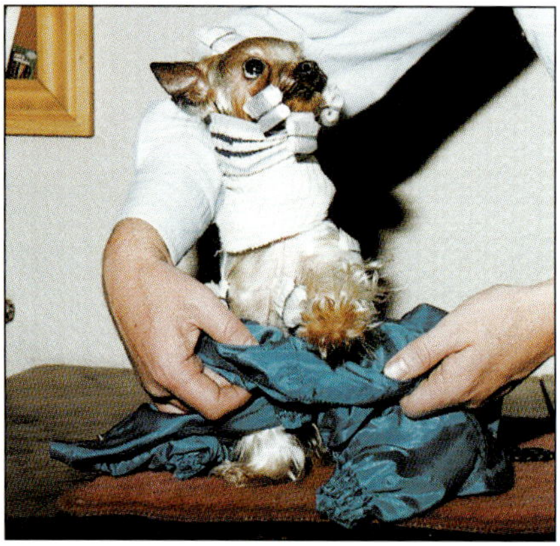

Ist es bald überstanden? Der Blick spricht Bände!

Das ist nun wirklich zu viel für einen richtigen Hund!

Wann sind die Krallen Ihres Hundes nun zu lang? Als Faustregel gilt: grundsätzlich dann, wenn Sie das Klicken der Nägel auf dem Fußboden hören, wenn der Hund läuft.

Bevor Sie sich ans Schneiden wagen, sollten Sie sorgfältig die Stelle orten, bis zu der in der Kralle „das Leben" reicht, d.h. wo das Blutgefäß endet, das in der Mitte jeder Kralle verläuft und das um so weiter nach vorn wächst, je seltener die Kralle gekürzt wird. Wenn Sie „ins Leben" hineinschneiden, ist das für den Hund sehr schmerzhaft und wird zu einer starken Blutung führen. Für diesen Fall sollten Sie einen Blutstiller in Stift- oder Puderform im Hause haben. So sollte das Mißgeschick schnell behoben sein. Vor allem geraten Sie nicht in Panik. Wichtig ist jetzt, daß Sie Ihren Hund beruhigen, damit er sich trotz dieser schmerzhaften Erfahrung auch die übrigen Nägel schneiden läßt.

Es ist übrigens gar nicht einfach, die Spitze des „Lebens" in den Krallen zu erkennen, vor allem, wenn diese dunkel pigmentiert sind. Deshalb ist es ratsam, sie „scheibchenweise" und dafür öfter zu schneiden – damit sind Mißgeschicke so gut wie ausgeschlossen.

Halten Sie die Pfote Ihres Welpen gut fest, damit er nicht die Flucht ergreifen oder etwa plötzliche Bewegungen machen kann, und reden Sie beruhigend auf ihn ein. Mit einer speziellen Krallenzange läßt sich die Krallenspitze problemlos mit einem so schnellen Schnitt kürzen, daß es Ihr Hund kaum spürt. Übrigens empfiehlt es sich, bei allen Pflegemaßnahmen den Hund auf einen Tisch mit rutschfester Unterlage zu stellen – das ist für Sie bequemer und außerdem gerät Ihr Kleiner nicht so schnell in Versuchung, wegzulaufen, da er durch die „Abgründe" neben seinem Tisch gebremst wird. Trotzdem müssen Sie ihn gut festhalten – schließlich ist er ein echter Terrier ohne Angst vor dem Sprung in die Tiefe!

Reisen mit dem Hund

Autofahren

Schon im jungen Welpenalter muß Ihr Yorkie an das Autofahren gewöhnt werden, denn Sie wollen ja sicherlich nicht, daß schon die Fahrt zum Tierarzt zum traumatischen Erlebnis für ihn wird.

Wußten Sie schon, daß...
ein Yorkshire Terrier aufgrund seines geringen Körpergewichtes selbst bei viel Bewegung auf festem Untergrund seine Krallen in den seltensten Fällen von allein abschleift? Um so wichtiger ist es, ihn bereits als Welpe an die Prozedur des Krallenschneidens zu gewöhnen. Viele Hunde reagieren schon auf die Berührung ihrer Pfoten sehr empfindlich; deshalb kann es hilfreich sein, immer wieder seine Pfoten fest in die Hand zu nehmen. Schneiden Sie regelmäßig nur ein kleines Stück- dies ist die sicherste Methode, ihn nicht zu verletzen.

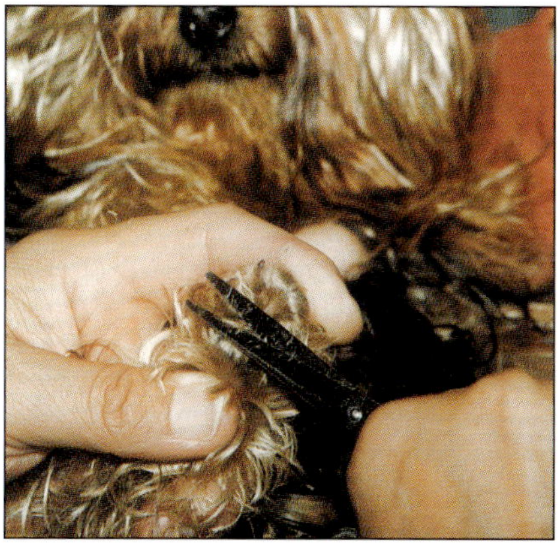

Die Haare zwischen den Ballen müssen kurz gehalten werden.

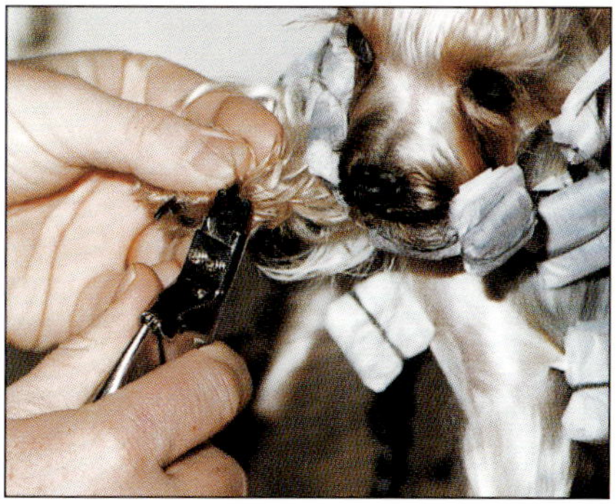

Die Nägel werden mit einer Spezialzange geschnitten.

Am sichersten ist ein Hund während der Autofahrt in seiner Box untergebracht, wobei eine Kunststoffbox aus Hygiene- und vor allem Sicherheitsgründen einem Drahtkäfig vorzuziehen ist.
Setzen Sie Ihren Welpen im Auto in die Box und beobachten Sie seine Reaktion. Wenn er die Box ohnehin kennt, gibt es keinerlei Probleme. Wenn er sich aber zu unbehaglich fühlt, können Sie auch jemanden bitten, mitzufahren und den Kleinen auf dem Schoß fest im Arm zu halten – sicher nicht die schlechteste Möglichkeit, ihn ans Autofahren zu gewöhnen. Es gibt auch für Hunde spezielle Sicherheitsgurte, die am Rücksitz befestigt werden und den Hund angeschnallt halten. Wie auch immer: Lassen

Lassen Sie Ihren Hund während der Fahrt nicht frei im Auto umherspringen!

Sie ihm keinesfalls die Möglichkeit, sich frei im Auto zu bewegen. Falls Sie abrupt bremsen müssen, könnte er nach vorn geschleudert werden. Wenn er während der Fahrt auf die Idee kommt, auf Ihren Schoß zu klettern und Ihnen seine Zuneigung zu zeigen, so geschieht das sicher in der besten Absicht – Ihre Konzentration auf den Straßenverkehr ist aber dahin, und das ist gefährlich für alle Beteiligten.

Bei sehr langen Autofahrten müssen Sie Pausen einkalkulieren, damit sich Ihr vierbeiniger Reisegefährte lösen kann. Vergessen Sie nicht entsprechende Utensilien für den Fall, daß „es“ auf dem Bürgersteig oder mitten auf einem belebten Autobahnrastplatz geschieht – Ihre Mitmenschen haben ein Anrecht darauf, daß Sie die Hinterlassenschaft Ihres Hundes umgehend entfernen. Zudem ist es nie falsch, einige Tücher für den Fall des Falles mitzuführen; vielleicht wird Ihrem Hund trotz aller Gewöhnung doch einmal schlecht ...

Flugreisen

Melden Sie den Hund rechtzeitig bei der Fluggesellschaft an, damit Sie deren Genehmigung haben und die entsprechenden Arrangements getroffen werden können. Da fast alle Fluglinien die Mitnahme von Hunden bis 5 kg sogar in der Kabine erlauben, werden Sie sich mit einiger Wahrscheinlichkeit während der Reise nicht von Ihrem Yorkie trennen müssen. Allerdings dürfen meist nur zwei Hunde gleichzeitig in der Kabine mitfliegen! Diese müssen während des Fluges in einer speziellen „Hunde-Tragetasche“ untergebracht sein, die Sie sich schon lange vor dem Flug anschaffen sollten, damit Ihr Hund „probeliegen“ kann. Sollte er – aus welchen Gründen auch immer – in den Frachtraum des Flugzeuges müssen, so ist es auch hier von unschätzbarem Wert, wenn er sich schon zu Hause an eine festverschließbare Kunststoffbox gewöhnen konnte. Legen Sie ihm ein (sicheres!) Spielzeug in die Box, aber füttern Sie ihn keinesfalls kurz vorher. Bringen Sie sicherheitshalber an allen möglichen Stellen der Box und an seinem Halsband Ihre Adresse und den Bestimmungsort und, wenn nötig, weitere relevante Informationen an, damit Ihr Vierbeiner nicht verloren gehen kann. Detaillierte Informationen erhalten Sie bei der Anmeldung des Hundes.

Achten Sie drauf!

Sie dürfen Ihren Hund in fremder Umgebung niemals ohne Leine laufen lassen. Er könnte vor irgend etwas Angst bekommen und weglaufen, vielleicht muß er unbedingt das Eichhörnchen jagen, das er entdeckt hat, oder er nutzt nach der langen Fahrt seine langentbehrte Bewegungsfreiheit zu extensiv – all dies birgt die eine große Gefahr: Sie sehen ihn womöglich nie wieder ...

Wußten Sie schon, daß...
Sie Ihren Hund nicht allein im Auto zurücklassen sollten? Die Temperatur im Auto steigt so schnell an, daß es zur Quälerei für den Hund wird und durchaus tödlich enden kann. Kurz gesagt: Muten Sie Ihrem Hund nur das zu, was Sie auch selbst ohne Probleme ertragen würden!

Eine brauchbare Transportmöglichkeit. Solche Drahtkäfige sind jedoch nicht für Flugreisen zugelassen.

Die Hundepension

Sie haben sich also zu einem Urlaub mit der ganzen Familie entschlossen. Haben Sie in dem Hotel, in dem Sie einen Zwischenstop einlegen wollen, nicht nur Ihre Zimmer gebucht, sondern auch den Hund angemeldet? Es wäre ein böses Erwachen, wenn Sie bei Ihrer Ankunft erfahren müßten, daß ausgerechnet in dem einzigen Hotel weit und breit keine Hunde erlaubt sind. Haben Sie auch an Ihrem Urlaubsort ein Hotel, das Hunde akzeptiert? Treffen Sie vor Reiseantritt entsprechende schriftliche Vereinbarungen, sonst könnten Sie auf der Straße stehen.

Es besteht natürlich auch die Möglichkeit, diesen zusätzlichen Streß zu vermeiden, indem Sie ohne Hund reisen. Aber auch das müßte sorgfältig vorbereitet werden.

Im Idealfall sind Sie in der glücklichen Lage, zuverlässige Nachbarn, Freunde oder Verwandte zu haben, die Ihren Kleinen gern für einige Zeit aufnehmen. Natürlich kennen sie ihn bereits gut, und – vor allem – er kennt seine Pflegefamilie; dann sind keinerlei Probleme zu erwarten. Wenn Sie aber niemanden haben –

Wußten Sie schon, daß...
es durchaus Möglichkeiten gibt, Ihren Hund wiederzubekommen, wenn er verloren gegangen ist? Da Ihr Hund ja niemandem sagen kann, wohin er gehört, ist es Ihre Aufgabe, Vorsorge zu treffen. Da gibt es zunächst die praktischen Metallanhänger für's Halsband, auf denen zumindest Ihre Telefonnummer eingraviert werden kann. Ein ehrlicher „Finder" wird sicher sofort mit Ihnen Kontakt aufnehmen und Ihnen mitteilen, wo Sie den Ausreißer abholen können. Ein solches Halsband mit Anhängser läßt übrigens schon von weitem erkennen, daß es sich um einen Haushund handelt, der mit ziemlicher Sicherheit nicht scheu oder gar bissig ist.
Zusätzlich sind Yorkshire Terrier, die in einem Mitgliedsverein des Verbandes für das Deutsche Hundewesen (VDH) gezüchtet wurden, im Ohr tätowiert – anhand der Tätowiernummer kann Ihr Züchter ausfindig gemacht werden, der sicherlich noch weiß, an wen er seinen Welpen seinerzeit verkauft hat.

Wann immer Ihr Yorkie das Haus verläßt, sollte er ein Halsband mit seinem Identifikationsschild tragen!

was dann? Obwohl dies grundsätzlich nur die allerletzte Möglichkeit sein kann: Versuchen Sie, eine gute Hundepension ausfindig zu machen, aber seien Sie mehr als kritisch! Sehen Sie sich sämtliche Gegebenheiten genau an, sprechen Sie mit

Wer nimmt mich in Pflege?

demjenigen, der die Hunde betreut. Sie wissen ja aus Erfahrung, wie sehr Ihr Kleiner vor allem Zuwendung braucht! Er wird Sie sehr vermissen und zumindest anfangs etwas trauern, das ist sicher. Versuchen Sie durch die sorgfältige Auswahl seines Ferienplatzes deshalb, alles in Ihrer Macht Stehende zu tun, damit er (und letztlich auch Sie) nicht über Gebühr leidet. Der Aufenthalt in einer Hundepension, in der ja viele Hunde auf relativ engem Raum zusammenkommen, ist übrigens nicht ohne Risiko: Infektionen breiten sich unweigerlich schnell aus. Deshalb spricht es für die Pension, wenn die Vorlage von Gesundheitszeugnissen und Impfbescheinigungen obligatorisch ist.

Identifizierungsmöglichkeiten Ihres Hundes

Es versteht sich von selbst, daß Sie Ihren Yorki hüten wie Ihren Augapfel, und Sie haben natürlich dafür gesorgt, daß er weder aus Ihrem Garten entwischen noch sich auf Spaziergängen aus seinem Halsband mit Erkennungsmarke zwängen kann.

Seien Sie Ihrer Sache nicht zu sicher! Irgendwann passiert eben doch das Undenkbare, und er ist plötzlich nicht mehr in Ihrer Nähe. Für diesen – hoffentlich nie eintretenden – Fall müssen Sie vorsorgen, damit Sie ihn schnell und unversehrt wieder in Ihre Arme schließen können. Dies ist nur möglich, wenn er deutlich und unverwechselbar gekennzeichnet ist, damit die Finder herausbekommen können, wohin er gehört. Stammt Ihr Hund von einem Züchter des VDH, so ist er unverwechselbar im Ohr tätowiert; wurde er in einem ausländischen Rassehundezuchtverein gezüchtet, in dem die Kennzeichnung der Welpen ebenfalls Pflicht ist, so ist er entweder tätowiert oder er trägt einen Mikrochip unter der Haut. Die praktische Durchführung dieser Kennzeichnungsmaßnahmen wird an anderer Stelle erläutert.

Erziehung und Training Ihres Yorkshire Terrier

Mit einem unerzogenen Hund zu leben, ist auf Dauer genauso unbefriedigend wie ein Klavier zu besitzen, ohne es spielen zu können: Schön anzusehen, aber mehr auch nicht. Nehmen Sie jedoch Klavierstunden, erwacht es plötzlich zum Leben und produziert Töne und Rhythmen, die Ihr Herz zum Singen und Ihren Körper zum „Swingen" bringen.
Ähnlich ergeht es Ihnen mit Ihrem Hund: Zuerst macht es Ihnen einfach Spaß, ihn bei seinen diversen Aktivitäten zu beobachten. Ihre Aufgabe ist eigentlich nur, ihn zu füttern, ihm Wasser zu geben und ihm genügend Bewegung zu verschaffen. Finden Sie das wirklich ausreichend? Ihr Hund bedeutet zur Zeit viel Verantwortung, jedoch nur begrenztes Vergnügen. Und dieses Vergnügen wird manchmal noch getrübt, weil er Unarten entwickelt, die Sie ärgern oder wütend machen, oder gar schlimme Angewohnheiten, die Sie eine Menge Geld kosten. Das kann doch nicht Sinn der Sache sein!
Also müssen Sie Ihren Yorkshire Terrier erziehen. Es kann nicht oft genug betont werden: Auch ein kleiner Hund muß erzogen werden – entgegen der verbreiteten Ansicht, daß man kleine Hunde schließlich schon rein kräftemäßig unter Kontrolle halten könne und es nicht so wichtig sei, daß sie sich zu benehmen wüßten. Sie wollen Ihren Kleinen doch überall hin mitnehmen, sie wollen ihn auch gelegentlich allein zu Hause lassen, vielleicht muß er auch von Zeit zu Zeit bei Freunden untergebracht werden – all dies ist viel einfacher mit einem wohlerzogenen Hund. Für Sie selbst, für Ihre Umgebung und nicht zuletzt auch für Ihren Hund!

Ein erzogener Yorki ist ein angenehmes Haustier, ein unerzogener eine Belastung.

Sie haben mehrere Möglichkeiten. Als Hunde-Neuling könnten Sie sich und Ihren Hund zum Beispiel im einem Erziehungskurs anmelden. Dort lernen Sie, ihn zu erziehen, indem Sie selbst lernen, warum er sich so und nicht anders verhält. Finden Sie heraus, wie Sie sich Ihrem Hund verständlich machen können, und lernen Sie, seine Signale an Sie zu erkennen und zu verstehen. Ganz plötzlich sehen Sie Ihren Yorkie mit anderen Augen: Er ist klug, interessant und wohlerzogen; er ist nicht länger ein Spielzeug, sondern ein Partner, mit dem zusammen zu sein eine reine Freude ist. Und er zeigt Ihnen seine Zuneigung täglich auf's Neue!

Mit anderen Worten: Ihr Yorkshire Terrier wirkt Wunder für Ihr Ego; er erinnert Sie permanent daran, daß Sie nicht nur sein Herr, sondern einfach der Größte für ihn sind. Wundersame Dinge haben sich ereignet – Sie haben einen vorbildlichen, allseits beliebten Hund (sogar Ihren Freunden ist seine Verwandlung aufgefallen), und – geben Sie es zu – Sie sind ein bißchen stolz auf sich: Das ist schließlich IHR Werk!
Viele Hundeausbilder, die Gehorsamstraining bei Hunden durchführen oder deren Besitzer durch entsprechende

Welpen sind von Natur aus neugierig und voller Tatendrang.

Aufklärung dabei unterstützen und anleiten, haben interessante Erkenntnisse gewonnen. Die höchste Erfolgsquote an wohlerzogenen, anpassungsfähigen erwachsenen Hunden ist zu verzeichnen, wenn die Erziehung schon im Welpenalter stattfindet. Das Training von Hunden im Alter zwischen 6 Monaten und 6 Jahren bringt fast das gleiche Ergebnis – sofern die Hundebesitzer akzeptieren, daß ihr Hund in diesem Alter nicht mehr so schnell lernt wie als Welpe und ihn mit der nötigen Geduld dabei unterstützen, das Potential seiner Fähigkeiten auch jetzt noch voll auszuschöpfen. Leider ist es genau diese Geduld, die so vielen Besitzern unerzogener erwachsener Hunde fehlt; sie halten einfach nicht durch, bis ihr Hund das gewünschte Verhalten gelernt hat.
Das Training von Welpen im Alter von 8 bis 16 oder höchstens 20 Wochen ist vergleichbar mit einem trockenen Schwamm, der in ein Wasserbecken gelegt wird: Wie der Schwamm das Wasser, so nimmt der Welpe alles auf, was Sie ihm zeigen, und er wartet begierig auf neue Dinge, die er auspropieren und lernen kann. In diesem Alter wird sein Körper noch nicht von Geschlechtshormonen gesteuert, und genau darin liegt das Geheimnis des Erfolgs. Ohne den Einfluß dieser Hormone ist er vor allem auf seinen Besitzer konzentriert; sein Interesse an der Erforschung fremder Orte, Hunde oder auch Menschen ist noch wenig ausgeprägt. Sie sind sein Lebensinhalt, Sie geben ihm Futter, Wasser, Schutz und Sicherheit. Deswegen schließt er sich Ihnen an und bleibt auf Schritt und Tritt in Ihrer Nähe. Er wird Sie kaum aus den Augen lassen, wenn Sie mit ihm draußen sind, und auf fremde Menschen und Tiere so reagieren, wie er das bei Ihnen beobachtet. Wenn Sie beispielsweise einen Freund herzlich begrüßen, geht er auch freudig auf diese Person zu; wenn Sie jedoch der Annäherung eines Fremden irgendwie zögernd oder gar ängstlich begegnen, verhält er sich ebenso. Wenn dann die Hormonproduktion im Körper Ihres

Was duftet da so interessant?

Fast alle Yorkies haben einen bevorzugten Löseplatz, den sie immer wieder aufsuchen.

Welpen beginnt, kommt seine angeborene Neugier zum Vorschein und er beginnt, die Welt um ihn herum intensiv zu erkunden. Vielleicht ist es Ihnen schon selbst aufgefallen: Dies ist der Zeitpunkt, ab dem Ihr Hund sich immer öfter immer weiter von Ihnen entfernt und manchmal sogar Ihre Aufforderung, in der Nähe zu bleiben, ignoriert. Spätestens jetzt sollten Sie endlich anfangen, Ihren Yorkie zu erziehen – im Interesse aller Beteiligten.
Leider finden Erziehungskurse nicht immer in erreichbarer Nähe statt, und manchmal ist der Unterricht auch viel zu teuer. Wie auch immer: Die folgenden Seiten sollen an die Stelle professioneller Anleitung in einer Hundeschule treten und Ihnen bei der Lösung Ihres Problems helfen. Sie können Ihren Yorkshire Terrier nämlich auch zu Hause erziehen. Wenn Sie die empfohlenen Vorgehensweisen Schritt für Schritt vertrauensvoll befolgen, werden Sie und Ihr Hund durch den mit Sicherheit eintretenden Erfolg belohnt. Ob Ihr Yorkie nun noch ein Welpe oder schon ausgewachsen ist: Die Trainingsmethoden und die Techniken, mit denen bestimmte Grundverhaltensweisen vermittelt werden, sind im Grunde dieselben. Eins muß aber von vornherein klar sein: Kein Hund – ganz gleich welchen Alters – verkraftet brutale oder unmenschliche Behandlung. Aber alle Lebewesen sprechen gern auf sanfte, motivierende Methoden an und reagieren besonders auf Lob und Ermunterung. In diesem Sinne: An die Arbeit!

Wußten Sie schon, daß...
Ihr Welpe während des Fressens nicht abgelenkt oder gestört werden darf? Stellen Sie seinen Futternapf in eine Ecke der Küche, in der er völlig ungestört ist und wo keine hektische Betriebsamkeit herrscht. Achten Sie besonders darauf, daß Ihre Kinder den Kleinen beim Fressen in Ruhe lassen! Es wäre nur zu verständlich, wenn er sich wehren würde!

Wußten Sie schon, daß...
der regelmäßige Kontakt zu Ihren eigenen Haustieren oder den Haustieren von Freunden oder Bekannten schon im Wel-

penalter das Verhalten Ihres Hundes gegenüber fremden Tieren entscheidend prägt? Ihre Art, sich diese Tieren zu nähern, wird auch sein Verhalten bestimmen – jetzt und möglicherweise auch später.

Für sehr kleine Welpen sind die Treppenstufen oft zu hoch! Hier ist Kreativität vonnöten.

Erziehung zur Stubenreinheit

Jedem Welpen ist beizubringen, sich an einem bestimmten Platz – und nur dort – zu lösen. Viele Innenstadtbewohner zum Beispiel erziehen ihre Welpen dazu, ihr Geschäft im Rinnstein zu erledigen, weil es einfach nirgendwo Gras gibt. Vorstadtbewohner dagegen haben meist einen Garten, an den sie ihre Welpen gewöhnen. Sie sehen: Draußen stehen die verschiedensten Bodenverhältnisse (Grasboden, Erde, Zementflächen usw.) als mögliche Löseplätze zur Verfügung. Soll er hingegen sein Geschäft drinnen verrichten, greift man gewöhnlich zum Zeitungspapier.
Wenn Sie einmal festgelegt haben, auf welchem Untergrund Ihr Yorkshire Terrier sich lösen soll, dann ist das eine Entscheidung für immer, das ist Ihnen hoffentlich klar. Wenn Sie Ihren Hund erfolgreich an Gras gewöhnt haben und es sich nach zwei Monaten plötzlich anders überlegen, dürfte das für Hund und Herrn extrem schwierig werden.
Als nächstes überlegen Sie sich ein Kommando, das Sie ausnahmslos jedesmal benutzen wollen, wenn sich Ihr Welpe lösen soll. Da gibt es viele Möglichkeiten; häufig gebraucht wird zum Beispiel: ‚Zügig!' oder ‚Mach ein Bächlein!'. Wenn ihm das von Ihnen bevorzugte Kommando geläufig geworden ist, machen Sie es sich bevor Sie mit ihm hinausgehen zur Gewohnheit, ihn zu fragen: ‚Mußt Du ein Bächlein?'. Er wird den Ausdruck wiedererkennen und genau wissen, was auf ihn zukommt. Wenn ihm das schließlich in Fleisch und Blut übergegangen ist, werden Sie schon an seiner Reaktion auf Ihre Frage erkennen können, ob er wirklich muß oder nicht. Aufgeregtes Umherlaufen, Schwanzwedeln, Begeisterung bedeuten unverkennbar „Ja!".

Auf zu neuen Taten!

Die üblichen Zeiten

Merken Sie sich als Faustregel: Ihr Welpe muß sich nach jeder Spieleinheit, nach jeder Mahlzeit, nach dem Schlaf und – natürlich – jedesmal dann erleichtern, wenn er Ihnen dies durch unruhiges Schnüffeln anzeigt.
Blasen- und Darmmuskulatur sind in sehr jungem Alter nur unvollkommen entwickelt; deshalb ist dieser häufige Lösedrang beim Welpen – wie auch beim Säugling – ganz natürlich. Geben Sie ihm die Möglichkeit, sich zu lösen, indem Sie öfter mit ihm nach draußen gehen – im Alter von 8 Wochen möglichst stündlich, mit zunehmendem Alter dann nach und nach seltener. Dem erwachsenen gesunden Hund werden dann drei bis fünf diesem Zweck dienende Gelegenheiten, über den Tag verteilt, völlig ausreichen.

Die Unterbringung des Welpen

Da die Unterbringung des Welpen – und damit die Möglichkeit, ihn zu kontrollieren – in unmittelbarem Zusam-

Wußten Sie schon, daß...
Grundkurse für die Welpenerziehung oft nur einige Wochen dauern? Sie bestehen aus kleinen Übungen unter Anleitung eines Trainers vielleicht einmal in der Woche, die dann zu Hause täglich mehrmals in gewissen Abständen wiederholt werden sollten, aber nie zu lange dauern dürfen. So bekommen Sie einen wohlerzogenen Hund, mit dem zusammenzuleben eine Freude ist.

menhang mit einer erfolgreichen Sauberkeitserziehung zu sehen ist, sollen zunächst – bevor es an die praktischen Übungen geht – noch einige relevante Aspekte angesprochen werden.
Versuchen Sie einmal, sich in Ihren kleinen Welpen hineinzuversetzen: Ihn in sein neues Heim zu bringen und ihn dort loszulassen ist ungefähr so, als wenn Sie ein Kleinkind in einem Fußballstadion alleinlassen und ihm sagen, dies gehöre alles ihm! Es könnte schon allein die Dimensionen nicht verkraften. Statt dessen bieten Sie Ihrem Kleinen besser kleinere, überschaubare Bereiche, in denen er spielen, schlafen, fressen und leben kan., Vorzugsweise den Raum, in dem sich auch der größte Teil

Ihres Familienlebens abspielt. Welpen sind Rudeltiere, die sich von Anfang an als Teil des Familienverbandes fühlen müssen. Ihre Stimme zu hören, Sie bei Ihrer Arbeit zu beobachten und Ihren Geruch in der Nase zu haben, während Sie in seiner Nähe sind, geben ihm die permanente Bestätigung, daß er wirklich dazugehört.
Besonders geeignet ist hier erfahrungsgemäß die Küche, vor allem, wenn eine Eßecke angeschlossen ist; so ist er fast den ganzen Tag unter Aufsicht – zu seiner eigenen und auch zu Ihrer Sicherheit.

Diese Box ist ideal.

In diesem bereits angesprochenen „Welpen-Familien-Raum" sollte ein Bereich abgeteilt sein, der allein Ihrem Kleinen zur Verfügung steht. Ein Welpenkorb, eine Draht- oder Kunststoffbox oder eine durch ein Gitter abgetrennte Ecke, von der aus er die Aktivitäten der zu seinem Familienrudel gehörenden Menschen beobachten kann, sind genau das Richtige.
Die Größe dieses Welpengitters oder der Box spielt nun eine entscheidende Rolle: Der Welpe muß sich bequem hinlegen und ausstrecken können, er muß aber auch aufstehen können, ohne sich den Kopf zu stoßen. Andererseits muß sein Platz gerade so klein sein, daß er

Jeder Welpe braucht ein gemütliches Refugium.

nicht die Möglichkeit hat, sich in der einen Ecke zu lösen und in der anderen ungestört durch seine eigenen Ausscheidungen zu schlafen. Wie gesagt, Hunde sind von Natur aus reinliche Tiere, die niemals freiwillig in der Nähe ihrer eigenen Hinterlassenschaften bleiben – es sei denn, sie würden ständig dazu gezwungen, weil sie keine andere Möglichkeit hätten; dann wären sie allerdings wohl für ihr ganzes Leben verdorben. Box oder Körbchen sollten mit sauberen Tüchern ausgestattet sein und auch Spielzeug enthalten, jedoch sinnvollerweise nicht mehr als eines. Füttern Sie ihn als Welpen nicht in der Box, und geben Sie ihm dort auch kein Wasser: Dies würde umgehend seinen Verdauungsdrang aktivieren, und er würde sich sehr unwohl fühlen bei seinen Versuchen, „es einzuhalten", wenn nicht gar all Ihre bisherigen Bemühungen hierdurch zunichte gemacht würden.

Achten Sie drauf!

Konsequenz ist das Geheimnis des Erfolgs. Bringen Sie Ihren Welpen immer an dieselbe Stelle, benutzen Sie immer das selbe Kommando, und halten Sie ihn an seinem Löseplatz stets an der Leine, wenn Ihnen kein eingezäunter Garten zur Verfügung steht. Mit dieser empfehlenswerten Methode ist Ihr Welpe verläßlich sauber im Haus, wenn die Entwicklung seiner Muskulatur und seines Gehirns abgeschlossen ist. Dies ist übrigens bei kleinen Hunden häufig früher der Fall als bei Hunden großer Rassen, da kleine generell schneller reifen; spätestens im Alter von 6 Monaten sollten aber alle Welpen stubenrein sein.

Wußten Sie schon, daß...

ein der Größe Ihres Welpen angemessener, eingegrenzter Schlaf- und Ruheplatz und häufig angebotene Lösemöglichkeiten draußen (oder auch auf Zeitungspapier, wenn Sie sich für diese Variante entschieden haben) den natürlichen Instinkten Ihres Hundes entgegenkommen? Sein angeborenes Bedürfnis, seinen Schlafplatz sauber zu halten, wird unterstützt, und dies wiederum hilft bei der Entwicklung der Muskelkontrolle, die für einen stubenreinen Hund unbedingte Voraussetzung ist.

Kontrolle

Dies bedeutet schlicht: Hilfe für den Welpen, seine Lebensweise voll derjenigen seines menschlichen Rudels (also IHRER!) anzugleichen.

Ebenso wie wir schließlich auch unsere Kinder dazu bringen, unserem Tagesablauf zu folgen und ihn zu respektieren, müssen wir auch dem Welpen zeigen, wann seine Spiel-, Essens-, Schlaf- und Lösezeiten sind und wann er sich auch einmal allein beschäftigen muß.

Ihr Welpe sollte von Anfang an lernen, in seiner Kiste zu schlafen – und nur dort. Er muß außerdem begreifen, daß er – zu seiner eigenen Sicherheit und Bequemlichkeit – tagsüber zeitweise in seiner Kiste auch allein bleiben muß: zum Beispiel wenn im Haushalt Durcheinander herrscht, oder vielleicht morgens beim Frühstück, wenn ein Familienmitglied nach dem anderen mehr oder weniger hektisch das Haus verläßt. Grundsätzlich: Jedesmal, wenn Sie Ihren Welpen allein lassen müssen, sollte er in seiner Box sein. Wie schon gesagt, Welpen kauen gern. Sie kennen aber nicht den Unter-

Entwicklungsstufen des Junghundes

Es ist wichtig zu verstehen, wie und in welchem Alter ein Welpe sich zum erwachsenen Hund entwickelt. Als Welpenbesitzer sollten Sie den nachfolgenden Plan über die verschiedenen Entwicklungsstufen, die ein Junghund durchläuft, zu Rate ziehen, um so herauszufinden, in welcher Phase sich Ihr Yorkie-Welpe gerade befindet. Diese Kenntnis wird Ihnen in den ersten Wochen und Monaten bei der Arbeit mit Ihrem Hund eine große Hilfe sein.

Phase	Alter	Charakteristika
Erste bis dritte	**Geburt bis 7 Wochen**	Der Welpe braucht Futter, Schlaf und Wärme und reagiert auf sanfte Berührung; er braucht seine Mutter, die ihm Sicherheit gibt und ihn erzieht, und seine Geschwister, um den Umgang mit anderen Hunden zu lernen; er lernt Rudelverhalten und die Rangordnung im Rudel zu akzeptieren. Er fängt an, mit Erwachsenen und Kindern Kontakt aufzunehmen und bewußt seine Umgebung wahrzunehmen.
Vierte	**8 bis 12 Wochen**	Das Gehirn ist voll entwickelt. Jetzt muß die Gewöhnung an die Außenwelt beginnen. Mutter und Geschwister werden immer weniger gebraucht. Kann jetzt vom Hunde- ins Menschenrudel wechseln und begreift schnell die menschliche Dominanz. Von 8 bis 16 Wochen hat der Welpe seine "ängstliche" Phase; furchterregende und schmerzhafte Erfahrungen sollten von ihm ferngehalten werden.
Fünfte	**13 bis 16 Woche**	Beginn des Gehorsamstrainings. Reduzieren Sie den Kontakt Ihres Welpen zu anderen Hunden etwas, bringen Sie ihn mehr in menschliche Gesellschaft. Denken Sie daran: Nun beginnt der Wechsel zum Erwachsensein. Behandeln Sie ihn fest, aber gerecht! Sein Fluchtinstinkt ist jetzt deutlich ausgeprägt. Sowohl zu große Nachgiebigkeit als auch übermäßige Strenge können irreparable Schäden anrichten. Loben Sie ihn bei jeder Gelegenheit!
Junghund	**4 bis 8 Monate**	Noch eine „ängstliche“ Phase im Alter von 7 bis 8 Monaten, die zwar schnell vorüber ist, aber dennoch sollte er in dieser Zeit nicht verschreckt werden oder Schmerz erleiden. Die Geschlechtsreife ist erreicht; die wichtigsten Charakterzüge sind gefestigt. Er sollte „Sitz“, „Platz“, „Komm“ und „Bleib“ befolgen können.

Anmerkung: Dies ist nur ein ungefährer Zeitrahmen. Einzelne Unterschiede bei den Welpen sind zu berücksichtigen.

Hier kann er sich ungestört zurückziehen, wann immer er will.

schied zwischen Tischbeinen, Schuhen, Elektroschnüren und Fernsehkabeln ... und vor allem das Erforschen der letztgenannten wäre wohl fatal für den Hund und Ihr Haus. Ein anderer Fall: Ihr Welpe nutzt die Zeit und nagt die Armlehne Ihres Sessels an. Es ist ganz natürlich, daß Sie sich darüber ärgern und ihn nach Ihrer Rückkehr gehörig ausschimpfen wollen ... HALT! Schlucken Sie zweimal und denken Sie nach: Ihr Welpe würde hierdurch einzig und allein die Erfahrung machen, daß Ihre Rückkehr für ihn Strafe oder gar Schläge bedeutet! Die Armlehne hat er nämlich längst vergessen und ist somit nicht in der Lage, Ihren Zorn mit seiner Tat in Zusammenhang zu bringen. Und diese Bestrafung würde er mit Sicherheit nie vergessen!

Die Erfolgsmethode
Wie gewöhnen Sie Ihren Hund an seine Box?

1. Schritt: Sagen Sie dem Welpen „Geh in die Box!“ und setzen Sie ihn mit einer kleinen Belohnung (z.B. einem Stück Käse oder einem Stück vom Hundebisquit) hinein. Lassen Sie ihn 5 Minuten in der Kiste, bleiben Sie im selben Raum. Dann lassen Sie ihn heraus und loben ihn überschwenglich. Holen Sie ihn aber keinesfalls heraus, wenn er jammert! Warten Sie so lange, bis er ruhig ist.

2. Schritt: Wiederholen Sie Schritt 1 mehrmals am Tag.

3. Schritt: Am zweiten Tag setzen Sie den Kleinen in seine Box wie am Vortag, lassen ihn aber erst nach 10 Minuten wieder heraus. Wiederholen Sie dies mehrmals.

4. Schritt: Machen Sie so weiter; steigern Sie die Verweilzeiten in der Box aber jeweils um 5 Minuten, bis der Welpe 30 Minuten ohne Murren in seiner Box bleibt – immer noch in Ihrer Anwesenheit! Vergessen Sie nicht, ihn nach so langem Aufenthalt in der Kiste immer sofort zu seinem Löseplatz zu bringen.

5. Schritt: Beginnen Sie wieder bei Schritt 1, verlassen Sie jedoch nun den Raum, während der Kleine in der Box ist.

6. Schritt: Steigern Sie, wie gehabt, die Verweilzeit in der Box in 5-Minuten-Schritten, bis er 30 Minuten ruhig darin bleibt, ohne daß Sie im Zimmer sind. Wenn er dabei sogar einschläft, haben Sie gewonnen – und können ihn unbesorgt für mehrere Stunden in seiner Box allein lassen.

Außergewöhnliche Begebenheiten in Ihrem Haus wie Parties oder Familienfeiern mit vielen Besuchern findet auch Ihr Welpe sicherlich aufregend – solange er sie aus der Geborgenheit seiner Kiste heraus beobachten kann und sich trotzdem nicht ausgeschlossen fühlt. Es wäre ihm wohl kaum geheuer, ständig Gefahr zu laufen getreten zu werden – und Ihnen ist es sicher auch lieber, nicht ständig aufpassen zu müssen, daß er nicht mit „Leckerbissen" vom Tisch gefüttert wird, die ohnehin ungesund für ihn sind.

Der Tagesablauf

Wie schon erwähnt: Nach jeder Mahlzeit, nach jeder Spielstunde, jedesmal, wenn Sie ihn aus seiner Kiste holen, jeden Morgen sofort nach dem Aufwachen (das kann durchaus schon um 5 Uhr sein!) und natürlich immer dann, wenn er es durch unruhiges Drehen und Schnüffeln anzeigt, muß Ihr Hund Gassi. Außerdem sollten Sie mit einem Welpen unter 10 Wochen sicherheitshalber ohnehin stündlich nach draußen gehen. Wenn er älter wird, hält er es nach und nach länger aus.

Bringen Sie ihn grundsätzlich nur kurz zu seinem Löseplatz, nie länger als ungefähr 5 Minuten! Dann kehren Sie ins Haus zurück. Erleichtert er sich während dieser Zeit, loben Sie ihn in den höchsten Tönen und bringen ihn sofort in's Haus zurück. Wenn nicht, und das Unglück passiert nach Ihrer Rückkehr, nehmen Sie ihn sofort mit einem scharfen „Nein!" hoch und tragen ihn zu seinem Löseplatz zurück. Dort sollten Sie dann kurz bleiben, bevor Sie wieder ins Haus gehen. Niemals dürfen Sie Ihren Welpen schlagen, wenn ihm ein Mißgeschick im Haus passiert, oder gar seine Nase in seine Hinterlassenschaften drücken! Unverständlicherweise scheint diese Unsitte recht verbreitet zu sein.

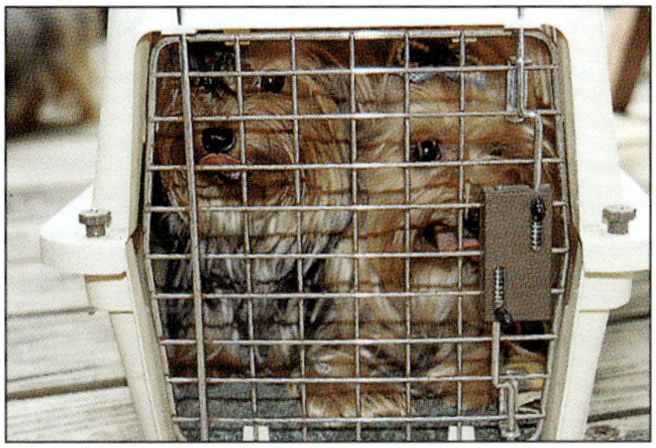

Lassen Sie zwei Hunde nur für kurze Zeit zusammen in einer geschlossenen Box.

Wenn Sie dann endgültig wieder im Haus sind, sperren Sie den Kleinen zweckmäßigerweise in seine Box, damit Sie in Ruhe den Ort der Tat gründlich reinigen können. Sonst könnte er bei nächster Gelegenheit durch den noch wahrnehmbaren Geruch dazu stimuliert werden, sich wiederum hier zu lösen! Beobachten Sie ihn auf jeden Fall noch intensiver als zuvor, wenn er sich frei im Haus bewegt, damit Sie den Moment, wenn es akut wird, nicht erst erkennen, wenn es bereits zu spät ist. Seien Sie Ihrem Welpen aber niemals böse, wenn „es" denn doch geschehen ist.

Frisches Wasser muß stets bereitstehen.

Mit der Zeit wird er begreifen, daß diese kurzen „Ausflüge" ausschließlich dazu dienen, sich zu lösen – nicht zum Spielen oder zu sonstigen Vergnügungen. Dann wird er drinnen und draußen spielen und trotzdem genau wissen,

Wußten Sie schon, daß...
Zufallserfolge zwar echte Glücksfälle, aber leider häufig recht kurzlebig sind? Dagegen ist der Erfolg, der sich aufgrund von wohldurchdachten, hundegerechten Trainingsmethoden häufig sogar leichter einstellt, von Dauer. Diese Erfolgsmethode bietet Ihnen als Welpenbesitzer die einfache, aber erprobte Möglichkeit, Ihren Welpen zu einem sauberen Hund zu erziehen, der sich in seiner Umgebung sicher und wohl fühlt.

Bis zum Alter von 5 bis 6 Monaten müssen sich Welpen sehr häufig lösen.

wann er sein Geschäft zu verrichten hat.
Gewöhnen Sie ihn auch an feste Zeiten, zu denen er sein Nickerchen machen, allein sein, allein spielen oder auch nur ausruhen soll (natürlich in seiner Box). Zeigen Sie ihm, daß es wunderbare Beschäftigungen auch dann für ihn gibt, wenn Sie einmal keine Zeit für ihn haben. Er muß lernen, daß er zeitweise mit Ihrer Nähe zufrieden sein muß, daß es aber – leider! – nicht Ihr Lebenszweck ist, nur für ihn dazusein.
Auch wenn Sie Ihren Yorkie in seine Box setzen, sollten Sie jedesmal dasselbe Kommando benutzen (wie zum Bei-

Hunde hecheln mit hängender Zunge, wenn sie schwitzen. Ein Bad im Gartenteich bringt Abkühlung.

spiel „Geh in die Kiste!"). Nach kürzester Zeit wird er von allein zu ihr hinlaufen und hineingehen. Lassen Sie ihn aber anfangs nicht zu lange in seiner Box (außer natürlich während der Nacht, wenn ohnehin das ganze Haus schläft). Sämtliche Erfahrungen des Welpen mit seiner Box müssen ein Vergnügen bedeuten, dann wird Ihr ausgewachsener Yorkie mit Begeisterung auch längere Zeit in seiner geliebten Box verbringen. Er hat die Box als selbstverständlichen Teil seines Lebens akzep-

tiert.
Aus allen bisherigen Ausführungen ist Ihnen sicherlich deutlich geworden, daß eine Box Sicherheit bringt, und zwar für den Hund, für Sie und auch für Ihr Haus. Dieses Gefühl der Sicherheit wird das Selbstvertrauen Ihres Welpen entscheidend fördern – neben der Tatsache, daß die Box ein wertvolles Hilfsmittel bei der Erziehung zu seiner Stubenreinheit ist.
Ein weiteres Mittel, ohne das diese nicht zu erreichen ist, ist die ständige Über-

wachung des Hundes. Und die ist einfach nicht permanent möglich; deshalb ist es unumgänglich, daß es einen Platz gibt, an dem der Kleine sicher untergebracht ist und sich dabei wohlfühlt. Auch hier ist die Gewöhnung an die Box eine gute Wahl im Welpenalter und für sein ganzes Leben.
Abschließend läßt sich feststellen: Nur wenige Schlüsselelemente sind für eine erfolgreiche Sauberkeitserziehung vonnöten – Konsequenz, Regelmäßigkeit, Lob, Kontrolle und Beaufsichtigung. Wenn Sie diese Grunderfordernisse stets vor Augen haben, sollte Ihr gesunder Welpe schnell über die Phase der „Mißgeschicke" hinaus sein.

Disziplin, Belohnung und Strafe

Jemandem Disziplin beizubringen heißt, ganz allgemein ausgedrückt, jemanden zu lehren, sich nach bestimmten vorgegebenen Regeln zu verhalten, die Ordnung in das Leben bringen, nicht mehr und nicht weniger. Ohne Disziplin, insbesondere in einer größeren Gemeinschaft, bricht Chaos aus, und die Gruppe wird früher oder später auseinanderbrechen. Menschen und Hunde sind soziale Lebewesen, deren Gemeinschaft ohne eine gewisse Disziplin nicht funktionieren kann. Sowohl im Hunde- wie auch im menschlichen Familienverband muß Futter besorgt, das Heim geschützt, der Nachwuchs betreut und die Vermehrung gesichert werden, damit die Art nicht ausstirbt. Das Lebewesen, das disziplinlos ist und sich in eine solche Gemeinschaft nicht einfügt, würde verhungern oder von Stärkeren gefressen werden.
Und hier schließt sich der Kreis: Unsere Haushunde brauchen Disziplin um zu verstehen, wie ihr Rudel (also Sie und Ihre Familie) funktioniert, und wie sie sich zu verhalten haben, um in diesem Rudel zu überleben.
In einem dichtbesiedelten Gebiet wurden kürzlich diejenigen innerhalb dieser großen menschlichen Gemeinschaft, die Hundebesitzer waren, darüber befragt, wie sie das Zusammenleben mit ihrem Hund beurteilten. Das Ergebnis kann nicht verwundern: Diejenigen, die ihren Hund systematisch erzogen hatten, waren zu 75% zufriedener mit ihren Haustieren als die Leute, deren Hund keine solche Erziehung genossen hatte.
Der amerikanische Psychologe Dr. Edward Thorndike hat eine Theorie aufgestellt, die unter dem Namen „Thorndike's Theorie des Lernens" bekannt geworden ist und auf der simplen Erfahrung gründet, daß ein Verhalten, das ein erfreuliches Ereignis nach sich zieht, gern wiederholt wird.

Achten Sie drauf!

Ihr kleiner Welpe muß regelmäßig mit Ihnen oder einem Mitglied Ihrer Familie spielen und laufen. Sein Auslauf kann aus einem kurzen Spaziergang um das Haus oder durch den Garten bestehen; besondere Freude wird ihm bereiten, wenn Sie ihm einen Ball oder einen alten, dick zusammengeknoteten Socken zu werfen, dem er nachjagen kann (benutzen Sie für solche Spiele während des Zahnwechsels bitte keine zu harten Gegenstände). Wenn Sie im Haus mit ihm spielen, sollte dies, zumindest bis er stubenrein ist, nur in dem für ihn vorgesehenen Bereich geschehen.

Wußten Sie schon, daß...
Sie den Schlafbereich Ihres Welpen keinesfalls mit Zeitungspapier auslegen dürfen? Vermutlich ist er zusammen mit seinen Geschwistern beim Züchter mit Zeitungspapier aufgewachsen, das den Kleinen als Löseplatz gedient hat, und daran wird er sich auch bei Ihnen sofort erinnern. Wenn Sie dies nicht auch in Ihrem Haus ausdrücklich beibehalten wollen (dann aber ausschließlich an einer bestimmten Stelle!), sollten Sie kein Zeitungspapier auf den Boden legen – dies würde ihn nur verwirren. Übrigens sollten Sie Ihren Welpen vor dem Schlafen nicht mehr zu viel trinken lassen – dann hält er nachts viel besser durch.

Und auf dieser Theorie bauen in der heutigen Zeit alle Trainingsmethoden auf. Wenn Sie einem Hund beispielsweise ein bestimmtes Kunststück beibringen und ihn belohnen, sobald er es gezeigt hat, wird er es gern wiederholen – einfach weil er das Endergebnis genießt! Gelegentlich ist auch Bestrafung (als Strafe für ein Vergehen) unumgänglich. Am effektivsten haben sich Strafen erwiesen, die von einer äußeren Quelle kommen. Ein Beispiel: Einem Kind wird verboten, den Ofen anzufassen, da es sich verbrennen könnte. Es gehorcht nicht, sondern berührt den Ofen. Es verbrennt sich und erleidet Schmerz. Von nun an wird es den Ofen meiden. Also gilt auch der Umkehrschluß: Ein Verhalten, das zu einem unerfreulichen Ereignis führt, wird nicht wiederholt.

Ein treffende Beispiel für diese These liefert der Hund, der ständig die Familienkatze jagd. Schon hundertmal wurde ihm befohlen, die Katze nicht zu ärgern, aber er hört einfach nicht auf damit! Bis eines Tages die Katze gehörig die Nase voll hat, sich umdreht, ihm mit ihren scharfen Krallen einen Ratscher quer durch's Gesicht zieht und ihn mit einer schmerzhaften Wunde auf der Nase stehenläßt – mit dem Ergebnis, daß der Hund die Katze fürderhin ignoriert. Verstehen Sie, was gemeint ist?

Ein Gemeinschaftausflug in die große, weite Welt.

Nützliche Trainingshilfen

Das Halsband

Für die meisten Hunde ist ein einfaches Textil- oder Lederhalsband von angemessener Breite, das mittels einer stabilen Schnalle geschlossen wird oder sich – je nach dem, wie heftig der Hund zieht – mehr oder weniger zuzieht, völlig ausreichend. Dies gilt insbesondere für Hunde von der Größe eines Yorkshire Terriers. Halsbänder in großer Auswahl können Sie in jedem guten Zoofachgeschäft erwerben.

Die Leine

Es ist empfehlenswert, eine 1 bis 2 m lange Leine aus Leder, Kunststoff oder reißfestem Textilmaterial zu verwenden.

Welches Halsband für Ihren Hund?

1

2

3

1 Das mit einer festen Schnalle zu schließende Halsband aus Leder oder anderem Material eignet sich für fast jeden Verwendungszweck und ist besonders für kleine Hunde ideal. Achten Sie bei Welpen darauf, daß sich das Halsband eng genug schließen läßt – das Welpenhaar täuscht meist über den tatsächlichen Umfang des Halses beträchtlich hinweg. An diesem Halsband läßt sich die Erkennungsmarke des Hundes am besten befestigen.

2 Das sogenannte Zug-Halsband wird hauptsächlich bei den Erziehungsübungen verwendet. Es besteht üblicherweise aus einer glatten Edelstahl-Kette, die sich sofort zuzieht, wenn der Hund an der Leine zieht (mit anderen Worten: Der Hund kann selbst bestimmen, welchen Druck er am Hals verspürt – natürlich wird er nicht weiterziehen, wenn's unangenehm wird!). Nehmen Sie dieses Halsband sofort ab, wenn die Übungen beendet sind!

3 Das Geschirr wird von vielen Besitzern vor allem kleiner Hunde bevorzugt, die dazu tendieren, wegzulaufen oder alles zu jagen, was ihnen über den Weg läuft. Es eignet sich kaum als Erziehungshilfe, da es sogar einem sehr stark an der Leine ziehenden Hund keinerlei körperliche Unannehmlichkeiten bereitet (und er somit keinen Anlaß sieht, das Ziehen aufzugeben). Entscheiden Sie selbst, was Sie möchten!

Eine Kettenleine aus Metall ist weniger praktisch, da sie weniger griffig ist und unangenehm scheuern könnte, wenn sie durch die Hände rutscht.

Leckerbissen zur Belohnung

Davon können Sie gar nicht genug in der Tasche haben! Irgendetwas Nahrhaftes, was nicht erst lange gekaut werden muß, eignet sich am besten; ein Käsebröckchen oder ein Stückchen gekochtes Hühnerfleisch sind weich genug und viel besser als trockener Hundekuchen. Wenn Ihr Hund nämlich

Leckerbissen sind eine begehrte Belohnung und eine vorzügliche Erziehungshilfe.

Wußten Sie schon?

Ein Erziehungskurs in der Hundeschule kann eine lohnende Zeit- und Geldinvestition sein. Seinen Nutzen werden Sie ein ganzes Hundeleben lang genießen können, und Sie werden dort Menschen treffen, die eine ähnliche Einstellung haben wie Sie. So könnte Ihr Hund Ihnen zu neuen, interessanten Freunden verhelfen.

erst lange auf einem harten Bisquitstück herumkauen muß, vergißt er vielleicht, womit er sich diese Belohnung ursprünglich verdient hatte (und damit wäre das Ziel der Übung, zumindest für diesmal, verfehlt).
Übrigens: Machen Sie sich keine Sorgen, daß zu viele Belohnungen dieser Art Ihren Hund dazu verführen, bei Tisch zu betteln! Ein Hund bettelt nur bei Tisch, wenn er auch Essen vom Tisch bekommt. Im Training wird er jede Belohnung durch Futter mit Lob für sein vorangegangenes Verhalten assoziieren, über das sich sein Besitzer offensichtlich sehr gefreut hat.

Das Training beginnt .... mit einer Frage!

Gleichgültig, was Sie Ihrem Hund beibringen wollen: Sie müssen zunächst irgendwie seine Aufmerksamkeit auf sich lenken (jeder Erziehungsversuch wird scheitern, wenn er gerade in eine andere Richtung blickt und mit seinen Gedanken ganz woanders ist). Am besten gelingt Ihnen das mit einer Frage (immer der selben!). Um ihn auf sich aufmerksam zu machen, fragen Sie: „Wollen wir üben?" Im selben Moment gehen Sie zu ihm, geben ihm eine Belohnung und loben ihn: „Guter Hund!"

Grundregeln zur Erziehung,

die Sie beachten sollten!

1. Versetzen Sie sich so gut wie möglich in Ihren Hund; versuchen Sie zu verstehen, wie er „denkt"!
2. Tadeln Sie ihn nicht, wenn er abgelenkt ist!
3. Erkennen Sie die ganz eigene Persönlichkeit Ihres Hundes und handeln Sie entsprechend!
4. Haben Sie Geduld; seien Sie beharrlich und konsequent!

Nach ein oder zwei Minuten wiederholen Sie die Prozedur, gehen aber diesmal mit der Belohnung in der Hand auf ihn zu. Kurz bevor Sie ihn erreichen, bleiben Sie stehen, zeigen ihm die Belohnung und stellen dann die ominöse Frage: „Wollen wir üben?" Sobald er die Belohnung in Ihrer Hand entdeckt hat, kommt er Ihnen vermutlich das letzte Stück entgegen – Sie geben ihm seine Belohnung mit einem dicken Lob. Beim drittenmal machen Sie es noch etwas anders: Stellen Sie die Frage mit dem

Wußten Sie schon, daß...

Sie Ihren Yorkie, sobald er etwas älter geworden ist, nicht mehr zu seinem Löseplatz tragen sollten? Führen Sie ihn an der Leine dorthin, oder locken Sie ihn, so daß er Ihnen dorthin folgt. Wenn Sie nicht rechtzeitig aufhören, ihn zu seiner „Toilette" zu tragen, werden Sie das letztendlich auf ewig tun müssen – und Ihr Kleiner hat die Genugtuung, Sie erzogen zu haben!

Wußten Sie schon, daß...
Ihr Hund zwar nicht Ihre Worte versteht, aber auf bestimmte Laute und vor allem Ihren Tonfall reagiert? Getreu dem Motto „Der Ton macht die Musik" hat ein sanftes, fröhliches „Nein, Hasso!" für ihn eine völlig andere Bedeutung als ein wütend gebrülltes „Nein, Hasso!". Benutzen Sie übrigens nie seinen Namen, wenn Sie mit ihm schimpfen, nur das kurze, klare „Nein!!" Daß ein Hund den eigentlichen Sinn eines Wortes nicht versteht, haben sich einige Bühnenunterhalter zunutze gemacht: Sie bringen ihrem Hund bei, genau das Gegenteil dessen zu tun, was sie von ihm in der eigentlichen Bedeutung des Wortes fordern – und ernten Begeisterungsstürme damit.

Leckerchen sichtbar in der Hand und gehen Sie nur ein, zwei Schritte in seine Richtung, so daß er fast den ganzen Weg zurücklegen muß, um es zu bekommen. Loben Sie ihn auch jetzt wieder! Spätestens jetzt wird ihm aufgehen, daß es sich für ihn auszahlt, auf Sie zu hören, besonders wenn die besagte Frage gestellt wird: Er hat gelernt, daß die Frage „Wollen wir üben?" Spaß und Leckerbissen bedeutet.
Dabei versteht der Hund natürlich nicht die Worte, die Sie zu ihm sagen; er erkennt nur den besonderen Klang der Frage. Ihre Worte verwandeln sich in seinen Ohren in eine Abfolge von Tönen, die ihm das Signal geben, zu Ihnen zu gehen und aufzupassen. Damit ist die Beziehung zwischen Ihnen aufgebaut, die für ihn schließlich durch Leckerchen und viel Lob noch an Wert gewinnt.

Die Grundkommandos

„Sitz!"

Nachdem Sie, wie beschrieben, die Aufmerksamkeit Ihres Hundes geweckt haben, nehmen Sie seine Leine in die linke und seine Belohnung in die rechte Hand. Halten Sie ihm das Leckerchen direkt vor die Nase (so verhilft Ihnen Ihr Yorkie zu mehr sportlichen Übungen als Sie vermutlich geahnt haben ...) und lassen Sie ihn daran lecken, aber geben Sie es ihm noch nicht. Befehlen Sie ihm „Sitz!" und führen Sie die rechte Hand (mit dem Futter) über seinen Kopf, so

Beginnen Sie früh mit der Erziehung; Welpen lernen schneller als erwachsene Yorkies.

Er hört auf das Kommando „Platz„!

daß er nach oben schauen muß, wenn er ihr mit den Augen folgen will. Sie werden feststellen: Um in dieser Situation sein Gleichgewicht nicht zu verlieren, muß er die Knie beugen und mit der Hinterhand heruntergehen – er nimmt also eine Sitzhaltung ein! Genau in diesem Moment müssen Sie ihm seine Belohnung geben und ihn überschwenglich loben:„Guter Hund! Schön Sitz!" (oder so ähnlich). Ihre Begeisterung muß wirklich offenkundig sein; sie ist ein Genuß für Ihren Hund und macht ihn stolz auf sich selbst, weil er eine gute Leistung vollbracht hat. Bei regelmäßiger Wiederholung dieser Übung werden Sie schon nach kurzer Zeit beide trainiert sein: Ihr Yorkie kann „Sitz!" und Sie selbst können sich weit zu ihm hinunterbeugen oder mühe-

Wußten Sie schon, daß..-

Sie Ihrem Hund keine Kommandos geben sollten, während Sie auf dem Fußboden oder auf dem Sofa liegen oder gar auf Händen und Knien auf dem Boden umherkriechen? Ihr Kleiner würde das als Aufforderung zum Spielen ansehen, keinesfalls als ernstgemeinten Befehl.

los hinhocken wie in jungen Jahren ...
Wenn Ihr Hund ein neues Kommando sicher beherrscht, können Sie langsam die belohnenden Futtergaben reduzieren – schließlich können Sie nicht immer und überall entsprechende Vorräte in der Tasche haben. Ihre Stimme ist dagegen immer bereit, und mit überschwenglichem Lob als schönster Belohnung dürfen Sie ohnehin sein ganzes Leben nicht sparsam sein.

„Platz!"

Dem Hund „Platz!" beizubringen ist einfach, wenn Sie sich klarmachen, wie der Hund seine „Platz"-Position erreicht; wissen Sie das nicht, ist es sehr schwer. Außerdem: Wenn Sie ihm das „Platz"-Machen auf die falsche Art beibringen, kann er eine solche Angst vor diesem Befehl entwickeln, daß er entweder Reißaus nimmt, wenn er ihn hört, oder er versucht denjenigen zu beißen versucht, der ihn mit Gewalt auf den Boden zwingen will.
Lassen Sie den Hund dicht neben Ihrem linken Bein sitzen, wobei er in die selbe Richtung schaut wie Sie. Halten Sie seine Leine in der linken Hand und ein Leckerchen in der rechten. Legen Sie nun Ihre linke Hand genau auf den Widerrist Ihres Hundes (das ist die Stelle, an der sich die Spitzen der Schulterblätter an der Wirbelsäule treffen). Üben Sie keinerlei Druck dabei aus; lassen Sie Ihre Hand einfach liegen, nur damit Sie ihn dicht neben sich halten können, wenn er sich hinlegt.
Nun halten Sie Ihre „Futterhand" wieder vor seine Nase und sagen ganz leise Platz zu ihm, während sich Ihre Hand langsam bis zu seinen Vorderpfoten hinunterbewegt. Wenn Ihre Hand auf dem Boden

angekommen ist, bewegen Sie sie langsam vom Hund weg Sprechen Sie während des ganzen Vorgangs leise und sanft mit ihm, damit er ruhig bleibt, während er Ihrer Hand langsam mit der Nase folgt, um die Belohnung zu ergattern. Auf diese Weise geht er vorn immer weiter hinunter, und wenn schließlich seine Ellenbogen den Boden berühren, geben Sie ihm seinen Leckerbissen und loben ihn sanft. Versuchen Sie, ihn dazu zu bringen, diese Position mehrere Sekunden lang beizubehalten, bevor er sich wieder aufsetzt. Das Ziel dieser Übung ist, den Hund so weit zu beruhigen, daß er sich entspannt hinlegt, ohne sich in dieser Position bedroht zu fühlen.

„Bleib!“

Es ist recht leicht, dem Hund beizubringen, in der „Sitz“- oder „Platz“-Position zu verharren. Natürlich benutzen wir auch hierbei Futter und Lob, um ihm klar zu machen, was genau wir von ihm erwarten.

Übung macht den Meister!

- Trainieren Sie mehrmals täglich mit Ihrem Hund in regelmäßigen Abständen
- je nach Bedarf sind drei bis fünf Übungseinheiten ideal, die jeweils nur einige Minuten dauern.
- Üben Sie nie zu lange, sonst verliert Ihr Hund leicht seinen Spaß und das Interesse.
- Trainieren Sie nie mit Ihrem Hund, wenn Sie selbst müde, krank oder schlecht gelaunt sind oder irgendwelche Sorgen haben – dies überträgt sich auf ihn und kann seine Arbeitsfreude negativ beeinflussen. Zeigen Sie ihm, daß Sie selbst Spaß haben, kurz gesagt: Denken Sie positiv – dann wird auch der Hund die Übungen genießen. Übrigens sollten Sie grundsätzlich nur zu einem Zeitpunkt aufhören, wenn die Übung gelungen ist; loben Sie ihn dann über alle Maßen, dann wird er das nächste Training kaum erwarten können.

Einem Yorkie „Bleib!„ beizubringen, ist nicht leicht, weil er instinktiv am liebsten ganz.nah bei seinem Herrchen ist ....

Um ihm „Sitz und bleib!“ beizubringen, lassen Sie ihn zunächst wieder an Ihrer linken Seite sitzen; die Leine befindet sich wieder in Ihrer linken Hand, die rechte hält das Futter – und zwar wie vorher dicht vor seiner Nase. Befehlen Sie ihm „Bleib!“ und machen Sie lediglich einen Schritt vor ihn (Sie stehen jetzt Pfote an Pfote mit ihm), während er an seinem Leckerchen knabbert und leckt. Achten Sie darauf, dieses so hoch (oder besser: so tief) zu halten, daß er seine aufrechte Sitzhaltung beibehält. Zählen Sie bis fünf und bewegen sich unter den selben Bedingungen zu Ihrer Ausgangsposition zurück. Sobald dies geschehen ist, geben Sie Ihrem –nun wieder neben Ihnen sitzenden – Hund seine Belohnung und loben ihn in den höchsten Tönen.

„Platz und bleib!“ lernt er auf ähnliche Weise: Lassen Sie ihn „Platz“ machen, wie im vorigen Abschnitt erläutert. Sobald er sich hingelegt hat, befehlen Sie „Bleib!“ und begeben sich wie bei „Sitz und bleib!“ mit einem Schritt vor

Achten Sie drauf!

Das Verhalten Ihres Hundes wird stark von Ihrer Reaktion geprägt. Ein Beispiel: Wenn Sie Ihren Hund belohnen und loben, wenn er Sie bei Ihrer Heimkehr eher ruhig und abwartend begrüßt, entwickelt er sich zu einem wohlerzogenen Partner. Begrüßen Sie ihn jedoch aufgeregt und laut und ermuntern ihn noch dazu zu bellen, werden Sie ihn auch in anderen Situationen, kaum unter Kontrolle bekommen.

ihn und – nachdem Sie bis fünf gezählt haben – wieder zurück in Ihre Ausgangsstellung (auch wenn's schwer fällt, da Sie sich ja fast bis zum Boden hinunterbeugen müssen!). Belohnen und loben Sie ihn ausgiebig!

Nach 7 bis 10 Tagen können Sie damit beginnen, sich nach und nach etwas von ihm zu entfernen, wenn er sitzen- oder liegenbleibt. Zeigen Sie ihm dabei durch Ihre erhobene flache Hand, daß er „Bleiben" soll. Natürlich befindet sich jetzt auch sein Leckerbissen nicht mehr direkt vor seiner Nase; er wird Ihre Hand aber aufmerksam beobachten und recht schnell begreifen, daß er sein Futter bekommt, sobald Sie wieder an seine Seite zurückgekehrt sind. Wenn Sie schließlich eine halbe Minute lang ca. 1 m entfernt von Ihrem Hund stehen können, ohne daß er aufsteht, ist schon viel erreicht. Steigern Sie bei Ihren Übungen die Zeitspanne und die Distanz zu Ihrem Hund stetig, bis Sie letztendlich sicher sein können, daß Ihr Hund in der „Bleib"-Position ausharrt, bis Sie zu ihm zurückkehren oder ihn rufen. Dann ist natürlich ein besonders dickes Lob fällig!

„Komm!"

Wenn Sie es schaffen, daß Ihr Hund das „Komm"-Training als großen Spaß erfährt, werden Sie nie wieder das Problem haben, daß er auf Zuruf nicht kommt. Es muß auf ihn wirken, als

.... aber mit Geduld und sehr langsam größer werdender Distanz durchaus nicht unmöglich.

brächten Sie ihm ein neues Spiel bei und nicht ein neues Kommando – darauf kommt es an. Sie kennen das: Gerade in den Situationen, in denen Ihr Hund umgehend und schnellstens zu Ihnen kommen soll – läuft er in die andere Richtung! Was ist der Grund? Nun, wenn Sie in solchen Momenten rufen, sind Sie vermutlich voller Sorge und Aufregung, und das beeinflußt Ihren Tonfall mit jedem vergeblichen „Komm!" stärker. Ihr Hund erkennt deutlich den Streß und die Verzweiflung in Ihrer Stimme, bekommt Angst vor dem, was ihn bei Ihnen erwarten

Wußten Sie schon, daß...

kein Hund wie der andere ist? Was sich bei der Erziehung des einen Hundes als erfolgreich herausstellt, bringt bei dem nächsten vielleicht überhaupt nichts. Deshalb: Seien Sie flexibel, denken Sie mit! Testen Sie andere Möglichkeiten.

könnte – und gehorcht nicht. Dies können Sie vermeiden, indem Sie ihm ein Spiel beibringen, das Sie einfach jedesmal mit ihm spielen, wenn er zu Ihnen kommen soll. So kann praktisch nichts mehr schiefgehen!
Am besten ist es, dieses Spiel im Haus zu üben. Und Ihre ganze Familie macht mit! Jeder nimmt sich ein paar Leckerchen und verschwindet in einem anderen Raum (natürlich bleiben alle Türen offen). Einer nach dem anderen ruft nun den Hund, und wenn dieser den Rufenden dann gefunden hat, erhält er von ihm mit großem Hallo seine Belohnung und jede Menge Lob. So geht es wie beim Versteckspiel reihum, und Ihr Hund lernt: Wenn Sie ihn rufen, muß er Sie finden und wird dafür noch reich belohnt! Nach wenigen Übungen wird er dieses Versteckspiel herrlich finden. Der simple Ruf „Wo bist Du?" oder „Komm her!" (oder was immer Sie beim Spiel mit ihm rufen) wird ihn schließlich dazu bringen, von weither begeistert angerannt zu kommen – in der freudigen Erwartung, Sie zu „finden" und mit Leckerbissen und Lob dafür belohnt zu werden.
Anerkanntermaßen gehört der Befehl „Komm!" zu den wichtigsten Dingen, die ein Hund lernen muß. Interessanterweise gibt es Trainer, die ihren Schützlingen „Komm!" beibringen, ohne jemals wirklich dieses Kommando zu benutzen. Trotzdem werden auch diese Hunde gehorchen, wenn Sie gerufen werden – durch die einfache Frage „Wo bist Du?" Natürlich haben Kinder besonders großen Spaß an diesem Spiel mit ihrem Hund, und das sollten Sie fördern. Kinder können sich in viel kleinere, raffiniertere Verstecke zwängen als Sie, und das macht die Angelegenheit für den Hund natürlich noch interessanter. Um so mehr freut er sich, wenn er seinen kleinen Freund gefunden hat und diesen Erfolg durch eine Belohnung und vielleicht eine fröhliche Rangelei mit ihm feiern kann!

Achten Sie drauf!
Benutzen Sie niemals nur das Kommando „Komm!", wenn Sie Ihren Hund rufen? Sagen Sie lieber „Hasso, wo bist Du? Such mich! Ich habe etwas für Dich!" Hören Sie nicht auf, in schwatzendem Tonfall mit ihm zu reden, und wiederholen Sie häufig die Frage „Wo bist Du?" So kann Ihr Hund dem Ton Ihrer Stimme folgen, bis er bei Ihnen angelangt ist und seine Belohnung erhält.

„Komm!„ Bei diesem Kommando ist das Belohnen von besonderer Bedeutung.

„Bei Fuß!"

„Bei Fuß" geht ein Hund, wenn er, ohne an seiner Leine zu ziehen, dicht neben seinem Führer herläuft. Es erfordert einige Zeit und viel Geduld von seiten des Besitzers, bis der Hund gelernt hat, daß er (der Besitzer) keinen einzigen Schritt vorwärts machen wird, wenn er (der Hund) nicht gesittet neben ihm herläuft, und daß heftiges Vorwärtsziehen an der Leine absolut unakzeptabel ist (und dies gilt uneingeschränkt auch für Hunde von der Größe eines Yorkies!).

Auch im Ausstellungsring bringt es Vorteile, wenn Ihr Yorkie „Bei Fuß„ gehen kann.

Nehmen Sie die Leine wieder in Ihre linke Hand, während der Hund die übliche Sitzposition an Ihrer linken Seite hat. Halten Sie die Schlaufe der Leine mit Ihrer rechten Hand fest, damit Sie ihn links an kurzer Leine neben sich halten können.

Befehlen Sie „Bei Fuß!“, und machen Sie mit dem linken Fuß einen Schritt nach vorn. Halten Sie den Hund dicht neben sich und machen Sie drei weitere Schritte. Bleiben Sie stehen und lassen Sie den Hund links dicht neben sich sitzen – die Sitzposition wird in diesem Fall auch „Bei Fuß“ genannt. Loben Sie ihn, ohne ihn jedoch dabei zu berühren. Warten Sie einen Moment und wiederholen das Ganze; Kommando „Bei Fuß!“, drei Schritte und anhalten mit dem Befehl „Sitz!“. Ziel dieser Übung ist, daß Ihr Hund diese drei Schritte mitgeht, ohne einmal an der Leine zu ziehen. Wenn er das bei drei Schritten schafft, versuchen Sie es mit fünf. Wenn er auch diese fünf gesittet neben Ihnen herläuft, können Sie auf zehn erhöhen – und so weiter. Schließlich werden Sie mit viel Geduld erreichen, daß er „Bei Fuß“ geht, wann und wie lange auch immer Sie es wollen.

Übrigens sollten Sie ihm auch deutlich zeigen, wann die Übung beendet ist. Loben Sie ihn, streicheln Sie ihn, sagen Sie ihm, daß er ein „Guter Hund!“ ist. Wenn Sie auch hier stets das gleiche Wort verwenden, assoziiert er es sehr bald mit dem Ende der Übung. Nun kann er sich entspannen.

Wenn Sie einen Hund haben, der partout nicht aufhört, an seiner Leine zu zerren, steigen Sie einfach auf die Bremse – bei einem Yorkshire Terrier sollte das kräftemäßig kein Problem sein. Rühren Sie sich nicht von der Stelle, bis Ihrem Kleinen die plötzliche Erleuchtung kommt, daß Sie keinen einzigen Schritt mit ihm gehen, bis er an Ihrer Seite ist und sich Ihrem Tempo anpaßt. Es kann durchaus einige Zeit dauern, bis Sie ihm

Wußten Sie schon, daß...
Sie nie versuchen sollten, Ihrem Hund das „Bei Fuß“-Gehen auf langen, „echten“ Spaziergängen beizubringen? Er würde zwar lernen, daß er während der Übungen gesittet neben Ihnen herlaufen muß, ansonsten aber munter weiter an seiner Leine ziehen. Deshalb sind kurze Übungen – getrennt vom Spaziergang – der beste Einstieg ins „Bei Fuß“-Training.

Zerren Sie nicht an seiner Leine, um Ihr Kommando durchzusetzen – auch wenn Sie ihm kräftemäßig weit überlegen sind!

so zu Verstande gebracht haben, daß Sie der Boß sind und Richtung und Tempo Ihres Spaziergangs bestimmen. Haben Sie den längeren Atem!
Jedesmal, wenn Ihr Hund zu Ihnen aufschaut und vielleicht sogar seinen Schritt verlangsamt, damit die Leine zwischen Ihnen beiden nicht gespannt ist, loben Sie ihn in ruhigem Ton „Schön bei Fuß! Guter Hund!“ Irgendwann fängt er an, darauf einzugehen, und nach einigen Tagen läuft er gesittet neben Ihnen her, ohne an der Leine zu ziehen. Halten Sie die Trainingseinheiten zu Beginn kurz und möglichst positiv; recht bald werden Sie die Strecken verlängern können. Vergessen Sie aber keinesfalls, daß Ihr Hund spielen und toben muß, wenn die „Bei Fuß“-Übung beendet ist – diese Freiheit ist als Ausgleich nun dringend nötig!

Achten Sie drauf!
Beginnen Sie grundsätzlich jede Ausbildung des normal entwickelten, gesunden Hundes mit viel Zeit, Geduld und wenigen, sorgfältig durchdachten Übungen. So tragen Sie entscheidend dazu bei, daß Ihre gegenseitige Beziehung ein ganzes Hundeleben lang von Liebe, Verständnis, Vertrauen und Respekt geprägt ist.
Das ist das Ziel, das Sie bei der Ausbildung im Auge behalten sollten.

Training ohne Leckerbissen

Futter als Belohnung ist nicht zu ersetzen, wenn Sie Ihrem Hund ein bestimmtes Verhalten beibringen wollen. Hat er jedoch erst einmal verstanden, was Sie mit einem bestimmten Befehl von ihm verlangen, ist es an der Zeit, ihm die ständigen Leckerbissen abzugewöhnen. Zunächst belohnen Sie ihn natürlich, wie schon gesagt, nach jeder erfolgreich durchgeführten Übung mit Futter. Irgendwann sollten Sie aber damit beginnen, ihm diese Belohnung nur nach jeder zweiten Übung zu geben. Überschwengliches Lob muß selbstverständlich jedesmal sein! Wechseln Sie mit der Zeit einfach wahllos die Art der Belohnung. Mal erhält er beides, mal nur ein dickes Lob. Wichtig ist, daß er vorher nie einschätzen kann, welche Belohnung ihn erwartet – Futter und Lob oder „nur“ Lob. Dieses unberechenbare System erweist sich als höchst erfolgreich, da er ja immer zumindest die Hoffnung haben darf, einen Lecker-

Wenn Sie stehenbleiben, bleibt Ihr Yorkie auch stehen – sofern er gut erzogen ist.

Wußten Sie schon, daß...
Sie Ihrem Hund die Grundregeln der Erziehung zwar zu Hause beibringen können, aber in jedem Fall professionelle Hilfe benötigen, um ihm eine spezielle Ausbildung für geeignete Hundesportarten zukommen zu lassen? Erkundigen Sie sich bei den regionalen Untergliederungen Ihres Rassezuchtvereins oder der anerkannten Gebrauchshundevereine nach den Möglichkeiten – dort werden Ihnen im Bedarfsfall auch spezielle Hilfsmittel zur Verfügung gestellt.

Belohnung muß sein! Keine erfolgreiche Erziehung ohne Belohnung.

bissen zu ergattern – er wird nicht aufgeben, damit er irgendwann diese Belohnung doch wieder erhält.

Erziehungskurse

Wie schon an anderer Stelle gesagt – es ist sicher keine schlechte Idee, sich und den Hund zu einem Erziehungskurs unter professioneller Anleitung anzumelden, sofern ein solcher in erreichbarer Nähe angeboten wird. In manchen Ort werden von Hundevereinen Grunderziehungskurse angeboten, die auch als Vorbereitung für die Ausbildung in anderen Hundesportarten von Nutzen sind. Hier gibt es auch für kleine Hunde verschiedene Möglichkeiten, die aber letztlich alle auf den in den vorigen Kapiteln erläuterten Grundanforderungen beruhen. Bei uns ist die Begleithundprüfung („BH“) das bekannteste und am meisten verbreitete Grundausbildungskennzeichen – fast alle Vereine bieten entsprechende

Trainingsmöglichkeiten an -, während die sogenannten „Obedience-Classes“ (Gehorsams-Kurse), die in den USA überaus beliebt sind und fast überall angeboten werden – es finden sogar

Wußten Sie schon, wie...
Sie sich verhalten sollen, wenn Ihr Hund mitten im Spaziergang stehenbleibt und auffordernd in Ihre Augen schaut? Ignorieren Sie ihn! Zeigen Sie ihm mit einem kurzen Ruck an der Leine, daß es weitergeht – und zwar, wohin Sie wollen!

Dachten Sie etwa, der Yorkie ist nur ein Schoßhund?

Obedience-Wettkämpfe in verschiedenen Schwierigkeitsgraden statt! – in Europa noch recht unbekannt sind.

Andere Möglichkeiten

Ob Sie Ihren Yorkie nun in eine Hundeschule bringen und ihn dort unter fachkundiger Anleitung ausbilden oder dies allein zu Hause versuchen – wenn Sie beide die Grunderziehung erfolgreich gemeistert haben, gibt es viele Aktivitäten, in denen Sie das Erlernte – zu Ihrer beider Vergnügen – ausprobieren können.

Natürlich ist es schon allein recht befriedigend für alle Beteiligten, wenn Ihr Hund eine Funktion in Haus, Hof und Garten übernehmen kann. Vielleicht macht er Ihnen das Leben so etwas leichter, darüber hinaus wächst sein Wert als geschätztes Mitglied der Familie immer mehr. Auch für den Hund selbst ist eine solche sinnvolle Beschäftigung von unschätzbarem Wert: Seine geistigen Fähigkeiten werden ausgeschöpft, und er kann seine Energie zumindest ansatzweise ausleben. Vielleicht macht es Ihnen aber auch Spaß, sich selbst und ihm zusätzliches Freizeitvergnügen zu gönnen; da gibt es mehrere Möglichkeiten.

Achten Sie drauf!

Hunde reagieren sehr sensibel auf die Stimmungs- und Gefühlslage ihres Besitzers. Benutzen Sie deshalb Ihre Stimme sehr vorsichtig, wenn Sie Ihren Hund ansprechen. Werden Sie wirklich nur dann laut, wenn Sie ärgerlich sind und ihn tadeln! Er würde es nicht verstehen, wenn Sie ihn grundlos „anbellen“, und irgendwann gar nicht mehr hinhören.

Wußten Sie schon, daß...
sich ein instinktsicherer Hund in einer Gefahrensituation nie hinlegt? Er bleibt wachsam auf seinen Zehenspitzen stehen, damit er zur plötzlichen Flucht oder auch zur Verteidigung bereit ist. Deswegen macht auch kein Hund in der Ausbildung freiwillig „Platz", wenn er sich bedroht fühlt oder verängstigt ist. Aus diesem Grund ist es besonders bei dieser Übung wichtig, den Hund ruhig und entspannt zu halten.

Sicher wird es Ihnen nicht schwerfallen, bei Ihren gemeinsamen Wanderungen neue Spiele zu erfinden. Lassen Sie Ihrer Phantasie freien Lauf! Auf Baumstämmen kann man zum Beispiel herrlich balancieren, darauf herumklettern oder hinüberspringen. Erstens wird Ihre Beziehung zu Ihrem Hund durch solche gemeinsamen Aktivitäten immer enger, zweitens sind sie für beide Seiten gesund und unterhaltsam. Hierfür benötigen Sie natürlich keine professionelle Anleitung!

Yorkshire Terrier eignen sich aber auch besonders für den immer beliebter werdenden „Agility" – Sport. Agility ist für Hund und Führer ein Riesenspaß, bei dem die Hunde einen Hindernisparcours überwinden müssen, indem sie verschiedenartige Sprünge absolvieren, durch Tunnel kriechen und etliche weitere spannende Übungen durchlaufen müssen, die hohe Ansprüche an ihre Koordinationsfähigkeit und ihre Schnelligkeit stellen. Die Hundeführer rennen meiste mit ihren Hunden durch den Parcours und geben ihnen die jeweils nötigen Kommandos, um sie zu dirigieren. Es gibt Agility-Wettkämpfe für große und kleine Hunde und sogar schon nationale und internationale Meisterschaften. Natürlich ist das Agility-Training nicht ohne fachkundige Anleitung und vor allem ohne die entsprechenden Hilfsmittel und Geräte durchführbar.

Yorkies sind zwar klein, aber blitzintelligent – und bestens geeignet für Mini-Agility.

Wie oft muß Ihr Hund Gassigehen?

Alter	**täglich**
bis 14 Wochen	ca. 10 mal
14 – 22 Wochen	ca. 8 mal
22 – 32 Wochen	ca. 6 mal
ausgewachsen	ca. 4 mal

Dies sind natürlich nur Richtwerte, die jedoch keinesfalls unterschritten werden sollten.

Es hat vielerlei Vorteile, einen Yorkie an eine Box zu gewöhnen: Sie ist das ideale Hilfsmittel bei der Sauberkeitserziehung, ein Refugium, in das er sich zurückziehen kann, wenn er ungestört sein will, und das sicherste Transportmittel für ihn.

Die Gesundheit Ihres Yorkshire Terrier

Hunde gehören, ebenso wie wir Menschen, zu den Säugetieren und können deshalb viele der Krankheiten bekommen, die auch Menschen befallen, sogar bis hin zu psychischen Erkrankungen. Da die meisten von uns naturgemäß mehr über Krankheiten des Menschen wissen als über die des Hundes, stammen einige der in dem folgenden Kapitel gebrauchten Bezeichnungen eher aus der Humanmedizin als aus dem Sprachgebrauch der Tiermediziner – einfach um diesen Abschnitt allgemeinverständlicher zu machen. Als Beispiel sei der Begriff „Symptom" genannt, der im engeren Sinne die Beschreibung der Empfindungen des Patienten mit Worten bedeutet. Bekanntermaßen können Hunde aber nicht sprechen; deshalb müßten wir, streng genommen, hier immer von „klinischen Anzeichen" sprechen ... trotzdem bleiben wir bei den „Symptomen", weil jeder weiß, was damit gemeint ist.

Im Allgemeinen sagt man: Medizin wird praktiziert. Dieser Begriff ist auch unstrittig. Medizin ist eine Kunst, die ständigem Wandel unterworfen ist, da unser Wissen über die Genetik, über elektronische Hilfsmittel und auch über individuell unterschiedliche Behandlungsmethoden unaufhörlich wächst. Es gibt viele Erkrankungen bei Hunden, die nicht überall auf der Welt gleich behandelt werden, wie zum Beispiel die allseits bekannte Hüftgelenksdysplasie, bei der sich einige Tierärzte viel öfter zur Operation entschließen als andere.

Wählen Sie Ihren Tierarzt gut aus – er begleitet Ihren Yorkie ein ganzes Hundeleben lang.

Die Wahl des Tierarztes

Für Ihren Tierarzt sollten Sie sich nicht (oder wenigstens nicht nur) entscheiden, weil er einfach ein sympathischer Mensch ist; ein wichtiges Kriterium muß auch seine Erreichbarkeit sein. Rechnen Sie immer damit, daß ein Notfall eintritt oder daß Ihr Hund während einer längerwierigen Erkrankung dem Tierarzt öfter vorgestellt werden muß. Außerdem sollten dessen Sprechzeiten patientenfreundlich sein, und – natürlich! – muß er für seine Kompetenz und sein Engagement bekannt sein. Es gibt nämlich kaum etwas Frustrierenderes oder gar Nervenaufreibenderes, als einen ganzen Tag lang auf einen Termin oder den Besuch des Tierarztes warten zu müssen, wenn die Zeit (oder der Zustand des Hundes) drängt.

Jeder niedergelassene Tierarzt hat sein Studium mit einem anerkannten Examen abgeschlossen und erfüllt die Voraussetzungen zum Führen einer eigenen Praxis. Viele von ihnen haben sich zudem durch Aufbaustudien oder Lehrgänge auf be-

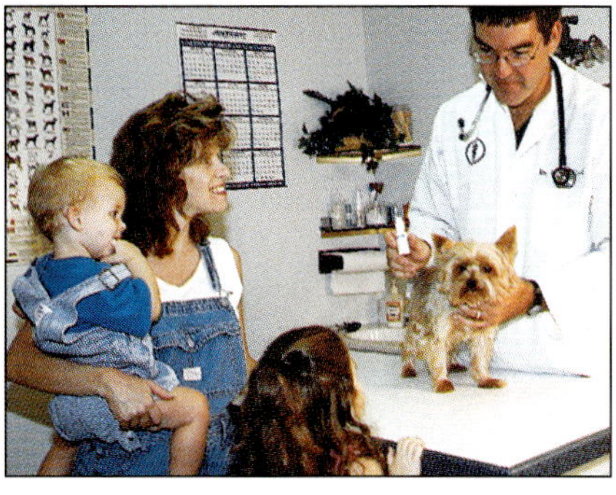

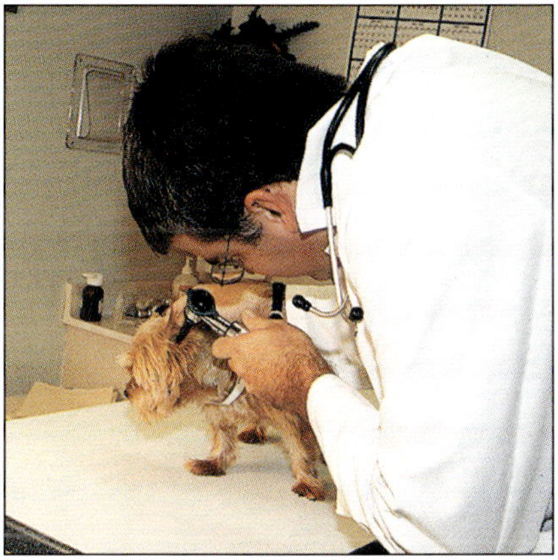

Der Tierarzt sollte seinen neuen Patienten bald kennenlernen.

stimmte Bereiche spezialisiert; so gibt es auch unter den Veterinären Fachärzte für Herzerkrankungen (Kardiologen), Hauterkrankungen (Dermatologen), Zahn- und Kiefererkrankungen, Augenerkrankungen (Ophtalmologen), Röntgendiagnose (Radiologen) und solche, die sich besonders mit Knochen-, Muskel- oder Organkrankheiten befassen. Alle Tierärzte sollten die häufig erforderlichen Routinebehandlungen wie z.B. Kastrationen, Versorgung von Wunden und selbstverständlich Impfungen durchführen; wenn Ihr Hund jedoch ernsthaft erkrankt, ist es Ihr gutes Recht (und sicher nicht unverschämt), zusätzlich einen Spezialisten zu Rate zu ziehen. Vielleicht stellen Sie bei der Gelegenheit ja auch Unterschiede bei der Höhe des Tierarzthonorars fest. Die Leistungen eines Tierarztes, insbesondere, wenn es um hochspezialisierte Behandlungen geht, haben ihren Preis. Haben Sie deshalb keine Hemmungen, auch die möglichen Kosten mit dem Tierarzt zu besprechen – obwohl natürlich die beste Behandlung Ihres Hundes grundsätzlich allerhöchste Priorität haben muß.

Vorbeugen ist besser als heilen

- dies gilt uneingeschränkt auch für Hunde. Es ist in jedem Fall viel einfacher, billiger und auch effektiver, Krankheiten vorzubeugen, als sie zu bekämpfen, wenn sie erst ausgebrochen sind. Und ein nicht unbeträchtlicher Teil dieser Vorbeugungsmaßnahmen findet bereits beim (verantwortungsvollen) Züchter statt:
Sorgfältig gezüchtete Welpen stammen von Elterntieren, die auch und vor allem aufgrund ihrer genetischen Veranlagung für die Zucht ausgewählt worden sind. Zudem müssen die Muttertiere einen vollen Impfschutz haben und frei von inneren und äußeren Parasiten sein; außerdem müssen sie sich natürlich in bestem Ernährungszustand befinden. Eine gesunde Mutterhündin in bester Kondition, die diese Anforderungen erfüllt, überträgt ihre eigene Abwehrkraft gegen Infektionen auf ihre Welpen, die dann 8 bis 10 Wochen lang geschützt sind, und auch die Gefahr des Parasitenbefalls der Welpen ist denkbar gering.
Im Idealfall haben Sie vielleicht sogar die Möglichkeit, des Tierarzt Ihres Züchters zu konsultieren, den Mutter und Kinder ja bisher betreut hat und deshalb schon jetzt viel über Ihren Welpen weiß.

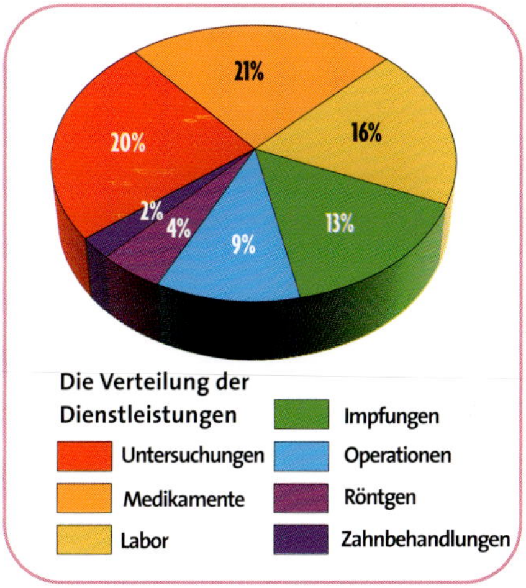

Das Einkommen eines typischen amerikanischen Kleintierspezialisten, nach verschiedenen Dienstleistungen kategorisiert.

Erkrankung	betroffenes Alter	Ursache	Körperteil
Katarakt	3 bis 6 Jahre	erblich	Linsen der Augen
Lufröhrenkollaps	Erwachsenenalter	möglicherweise erblich	o. Teil d. Luftröhre
Kryptorchismus	etwa 4 Monaten	erblich	Hoden
Ellbogengelenksdysplasie	1 bis 2 Jahre	erblich	Ellbogengelenk
Hüftgelenksdysplasie	um 2 Jahre	erblich	Hüftgelenk
Hypoglykämie	nach der Geburt	vermutlich erblich	Blut
Hyperthyreose	1 bis 3 Jahre	Schilddrüsenentzündung	endokrines Syste
Keratokonjunctivitis Sicca	Erwachsenenalter	erblich	Tränenkanäle
Legg-Perthes-Calvé	4 bis 12 Monate	möglicherweise erblich	Hinterläufe
Patellaluxation	jedes Alter	erblich	Kniescheibe
Progressive Retina-Atrophie	5 bis 11 Jahre	erblich	Augennetzhaut
Keratitis ulcerativa	jedes Alter	in die Augen dringende Haare	Hornhautoberfläche
Herzklappeninsuffizienz	7 bis 8 Jahre	vermutlich erblich	Herzklappen
Wirbelsäulenmißbildung	unter 1 Jahr	unbekannt	Wirbelsäule
Von Willebrandt Krankheit	von Geburt an	erblich	Blut

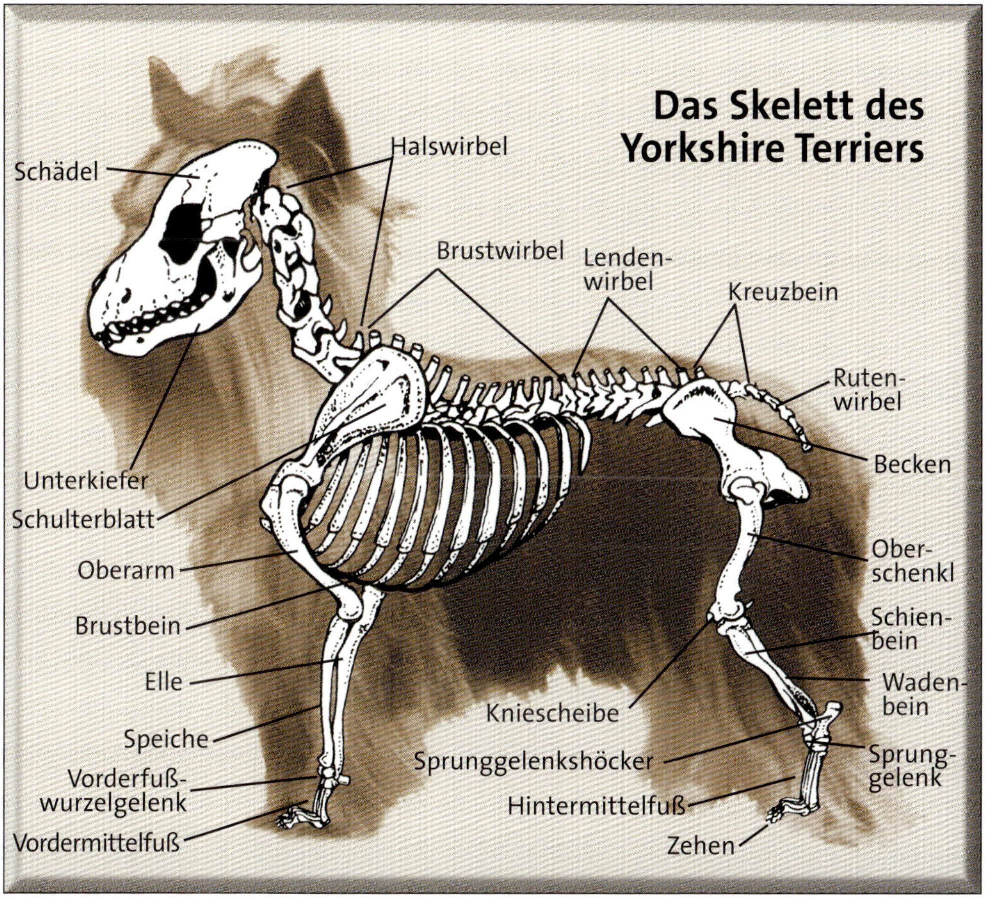

Das Welpenalter von 2 bis 5 Monaten

Bis zum Alter von zwei Monaten waren die Mutter und die Geschwister für den Welpen lebensnotwendig; in ihrer Gemeinschaft konnte er erste soziale Erfahrungen sammeln, und die Weichen für einen problemlosen Umgang mit Artgenossen und hoffentlich auch mit Menschen in seinem weiteren Leben stellen. Es ist in jedem Fall ratsam, kurz nach der Übernahme Ihren Kleinen dem Tierarzt Ihrer Wahl vorzustellen, denn bald sind wichtige Impfungen fällig, und vorher sollte der

Die Muttermilch gibt dem Welpen für die ersten 8 bis 10 Wochen Schutz vor Infektionen.

Welpe gründlich durchgecheckt und unbedingt entwurmt werden.

Bei dieser Gelegenheit kontrolliert der Tierarzt vermutlich das Gebiß, den Knochenbau und die allgemeine Konstitution Ihres Welpen. Wenn Sie Ihren Kleinen von einem verantwortungsbewußten, ehrlichen Züchter erworben haben, der es als seine Pflicht ansieht, alles Menschenmögliche für seine Tiere zu tun, wird das Untersuchungsergebnis fast immer lauten: „Das ist ein Prachtkerl!“ (Übrigens freut sich Ihr Züchter sicher, wenn Sie ihm dies gelegentlich mitteilen!). Sollten dennoch irgendwelche körperliche Defizite entdeckt werden, kann frühzeitig mit der Behandlung begonnen werden. Manche Welpen haben trotz aller Sorgfalt eben doch Probleme mit den Augen oder den Gelenken, oder sie zeigen Verhaltensauffälligkeiten, bei denen viele Tierärzte auch behilflich sein können. Vielleicht sind auch die Hoden noch nicht (oder nicht mehr) da, wo sie hingehören!

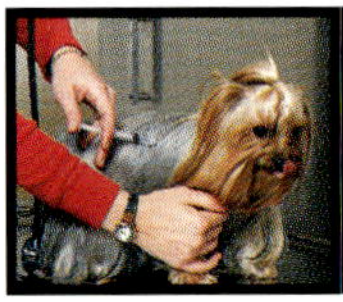

Achten Sie auf regelmäßige Impfungen – sie sind der beste Schutz vor Infektionskrankheiten.

Der Impfplan

Die meisten Impfungen werden mittels einer Injektion verabreicht und dürfen nur vom Tierarzt gegeben werden, der sie unter Angabe des jeweiligen Impfstoffes und des Impfdatums im Impfpaß des Welpen offiziell bescheinigt. Außerdem wird er einen entsprechenden Vermerk in der „Krankenakte“ Ihres Hundes anbringen, und auch Sie sollten sich Notizen darüber machen für den Fall, daß der Impfpaß verlorengeht.

Ein sinnvolles Impfschema für die Grundimmunisierung des Welpen basiert üblicherweise auf einem 4-Wochen-Rhythmus. Die erste Impfung erhält der Welpe im vollendeten Alter von 6 bis 8 Wochen, die nächste mit 10 bis 12 Wochen und danach u.U. eine weitere mit ca. 14 bis 16 Wochen. Die Zeitspanne zwischen

Wußten Sie schon, daß...

es äußerst wichtig ist, Ihren Welpen gründlich und vollkommen zu entwurmen? Einige Wurmarten, die bei Hunden vorkommen, können nämlich auf Menschen übertragen werden, wie z.B. Band-, Haken- und Rundwürmer. Besonders noch nicht stubenreine Welpen könnten die Wurmeier mit ihren Ausscheidungen im Haus verteilen und so ihre Menschen gefährden. Ein verantwortungsvoller Züchter beginnt schon 10 bis 14 Tage nach der Geburt mit der regelmäßigen Entwurmung seiner Welpen, die er bis zum Zeitpunkt der Abgabe beibehält. Fragen Sie Ihren Züchter nach dem bisherigen Entwurmungs schema, und setzen Sie es nach seiner Empfehlung oder der Anweisung Ihres Tierarztes (bei dem Sie auch wirksame Wurmmittel bekommen) fort, bis Sie sicher sein können, daß Ihr Welpe wurmfrei ist.
Während des ersten Lebensjahres empfiehlt sich eine vorsorgliche Entwurmung alle drei Monate, danach sollten Sie Ihren Hund zweimal jährlich - in jedem Fall vor der Auffrischungsimpfung - entwurmen.

Wußten Sie schon, daß...

Sie Ihren Yorkie vor seiner zweiten Grundimpfung möglichst nur in Ihrem Garten gassiführen sollten? Erst nach dieser Impfung ist er umfassend geschützt gegen Infektionen vielfältiger Art, die ihm auf Spaziergängen in der „großen, weiten Welt“ drohen könnten.

Gesundheits- und Impfplan

Alter in Wochen	3.	6.	8.	10.	12.	14.	16.	20–24.
Entwurmung	✔	✔	✔	✔	✔	✔	✔	✔
Parvovirose-Impfung			✔		✔			
Staupe-Impfung			✔		✔			
Hepatitis-Impfung			✔		✔			
Leptospirose-Impfung			✔		✔			
Parainfluenza			✔		✔			
Zahnkontrolle			✔					✔
Grunduntersuchung			✔					✔
Wesenstest			✔					
Zwingerhusten					✔			
Tollwut					✔			✔

Dieses Schema wird häufig angewandt, kann jedoch individuell je nach Bedarf abgeändert werden. Wichtig: Impfungen sind nicht sofort wirksam! Das Immunsystem des Hundes benötigt etwa drei Wochen, um genügend Antikörper zu bilden. Die meisten Impfungen müssen jährlich aufgefrischt werden; bitte fragen Sie Ihren Tierarzt.

diesen Impfungen darf 15 Tage nicht unterschreiten, wenn sie größer ist, schadet es nicht.
Fast alle Impfungen haben die Aufgabe, dem Welpen Immunität gegen bestimmte Virusinfektionen zu geben. Die meisten der gebräuchlichen Präparate sind Mehrfach-Impfstoffe, bewirken also einen gleichzeitigen Schutz gegen mehrere Infektionskrankheiten, zu denen stets Staupe, Hepatitis, Parvovirose, Leptospirose und Tollwut zählen. Ist Ihr Welpe besonders gefährdet, stehen Impfungen gegen weitere Erkrankungen zur Verfügung. Verlassen Sie sich vertrauensvoll auf Ihren Tierarzt, der Sie auch über die in jährlichem Turmus fälligen Auffrischungsimpfungen informiert. Falls es die Umstände erfordern, kann auch eher wieder geimpft werden, damit in Zeiten besonderer Infektionsgefahr der Anti-

Wußten Sie schon, daß...

die Gesundheitsvorsorge für Welpen schon vor deren Geburt anfängt? Die Mutterhündin muß nämlich vor und während der Trächtigkeit gesund und gut ernährt sein, damit ihre Welpen fit und gesund zur Welt kommen. In der dritten Lebenswoche beginnt dann die Gesundheitsvorsorge der Welpen mit der ersten Entwurmung, die je nach Wurmmittel in kurzen Abständen mehrmals zu wiederholen ist. Übrigens haben fast alle Welpen Würmer – unabhängig von der Hygiene in ihrer Umgebung –, manchmal sogar, wenn Kotuntersuchungen ein negatives Ergebnis zeigen: Nicht mit jeder Kotabgabe werden auch Wurmeier ausgeschieden; deshalb sind routinemäßige Wurmkuren stets zu empfehlen und unschädlich.

körpertiter möglichst hoch bleibt. In großen Zwingern mit vielen Hunden besteht gelegentlich die Gefahr des sogenannten „Zwingerhustens“, der Tracheobronchtitis, gegen den auch Welpen schon geimpft werden können. Zumindest in den USA steht hierfür schon ein Spray zur Verfügung, das einfach in die

Hautprobleme können auch nach Kontakt mit Chemikalien oder anderen Reizstoffen auftreten. Dies ist dann eine „Kontaktdermatitis„.

Nase des Tiers gesprüht wird. Besonders wichtig ist ein wirksamer Schutz gegen die gefürchtete Parvovirose; wie hoch der Schutz tatsächlich ist, kann im Ernstfall durch eine Blutuntersuchung in speziellen Labors nachgewiesen werden. Ihr Tierarzt kennt sich aus.

Das Alter von 5 bis 12 Monaten

Mit 5 Monaten hat Ihr Welpe alle Grundimpfungen hinter sich, und Ihr Tierarzt hat ihn vielleicht auch schon auf irgendwelche Hinweise auf mögliche Erkrankungen der Gelenke untersucht. Solche Krankheiten sind in diesem Alter natürlich noch nicht ausgeprägt, aber es gibt Tests, die zumindest Voraussagen zulassen. In diesem Alter kann auch, falls nötig, die Höhe des Impfschutzes gegen Parvovirose durch eine Blutuntersuchung bestimmt werden. Wenn Sie nicht die Absicht haben, mit Ihrem Yorkie zu züchten oder ihn auf Ausstellungen zu zeigen (und die überwiegende Mehrheit unserer Hunde soll ja „nur“ geliebtes Familienmitglied sein!), sollten Sie sich irgendwann mit dem Gedanken befassen, Ihren Hund kastrieren zu lassen. In dieser Frage sachkundige Tierärzte in

Achten Sie drauf!

Welpen, insbesondere wenn sie Zuchthundqualitäten erkennen lassen, haben durchaus ihren Preis. Damit wächst natürlich auch die Gefahr, daß sie gestohlen werden. Das übliche Namensschild am Halsband ist leicht zu entfernen, deshalb muß Ihr Hund dauerhaft gekennzeichnet sein! Hierfür stehen zwei weltweit angewandte Methoden zur Verfügung: Die Kennzeichnung mit Mikrochips und das Tätowieren der Hunde. Bei der erstgenannten Art wird ein Mikrochip, der nicht größer als ein Reiskorn ist und eine bestimmte Registriernummer trägt, mittels einer Injektion unter der Haut des Hundes plaziert. Wenn der Hund dann als „Fundsache“ bei einem Tierarzt oder im Tierheim abgegeben oder sogar zum Verkauf angeboten wird, kann er mit Hilfe des Chips identifiziert und zugeordnet werden, indem mit einem Lesegerät die Nummer festgestellt wird und über ein zentrales Register die Daten des Hundes abgefragt werden. Dies hilft natürlich nicht nur bei Diebstahl, sondern bei jeglicher Art des Verlorengehens. Ebenso nützlich erweist sich in einem solchen Fall eine Tätowierung. Jeder im Bereich des VDH gezüchtete Yorkshire Terrier ist mit seiner Zuchtbuchnummer im Ohr tätowiert; in anderen Fällen spricht nichts dagegen, seinen Hund mit irgendeiner anderen Nummer tätowieren zu lassen. Wenn professionelle Hundefänger einen so gekennzeichneten Hund sehen, verlieren sie üblicherweise das Interesse, da sie wissen, daß Versuchslabors tätowierte Hunde in der Regel nicht kaufen. Sowohl das Tätowieren als auch die Implantation eines Mikrochips wird von Tierärzten durchgeführt.

Wußten Sie schon, daß...
das Gebiß Ihres Hundes während und nach dem Umzahnen, also im Alter von 4 bis 12 Monaten, regelmäßig überprüft werden sollte? Störungen im Wachstum der bleibenden Zähne können jetzt noch beeinflußt werden; außerdem gewöhnt sich der Welpe an die Prozedur der Zahnkontrolle, und dies erleichtert wiederum die Zahnpflege. Bürsten Sie regelmäßig sein Gebiß, und geben Sie ihm geeignetes, dauerhaftes Kauspielzeug – dies trägt entscheidend zur Gesunderhaltung der Zähne und zu einem angenehmen Atem bei und beugt der Bildung von Zahnstein vor, der die Hauptursache dafür ist, daß die große Mehrheit aller Hunde schon im Alter von 3 bis 4 Jahren unter Zahn fleischentzündungen leidet. Sollte Ihr Hund stark zu Zahnsteinbildung neigen, so sollte dieser zweckmäßigerweise bei der jährlichen Routineuntersuchung durch den Tierarzt entfernt werden. Hierzu ist allerdings eine Sedierung oder sogar eine Vollnarkose notwendig. Die jährliche Vorsorgeuntersuchung besteht neben einer Kontrolle von Augen, Ohren und Nase aus der Entnahme von Blutproben zur Feststellung u.a. der Leberwerte, des Cholesterin- und des Schild drüsenhormonspiegels und des Blutbildes und dient der Früherkennung möglicherweise drohender Erkrankungen.
Wie im „richtigen Leben" so gilt auch hier uneingeschränkt: Vorbeugen ist besser als heilen.

Europa raten üblicherweise dazu, diesen Eingriff im zweiten Lebensjahr des Hundes vorzunehmen – also wenn er schon erwachsen und körperlich und mental ausgereift ist -, in den USA wird es in der Regel schon ab dem Alter von 6 Monaten – also noch vor der Geschlechtsreife! – empfohlen.
Mit ca. 8 Monaten ist es an der Zeit, sich – vielleicht mit Hilfe eines Experten – den Kleinen im Hinblick auf die Forderungen des Rassestandards genauer anzusehen. Vielleicht ist er ja so vielversprechend, daß Sie einer Ausstellungskarriere mit ihm nicht abgeneigt gegenüberstehen und auch sein Einsatz in der Zucht nicht ausgeschlossen scheint. Wenn allerdings nicht, so bleibt er natürlich für Sie trotzdem der Schönste und vor allem der Beste (ihm selbst ist es ohnehin gleichgültig, wie er aussieht!), aber nun sollten Sie sich

Schwere Haut- und Haarprobleme erfordern die Behandlung durch einen Spezialisten.

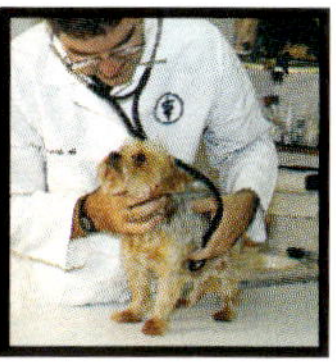

ernsthaft dazu entschließen, ihn irgendwann kastrieren zu lassen.
Es ist nämlich inzwischen erwiesen, daß sich die Kastration sowohl bei Rüden als auch bei Hündinnen äußerst positiv auswirkt: Neben der Tatsache, daß damit unerwünschte Trächtigkeiten ausgeschlossen werden, vermindert die Kastration auch bei Hündinnen die Gefahr von Gesäugetumoren und bei Rüden die von Prostatakrebs.
Mit Hilfe von Blutuntersuchungen kann auch der in unseren Breiten glücklicherweise extrem seltene Befall mit Herzwürmern diagnostiziert werden; auch für

diesen Fall gibt es Mittel, die im übrigen gegen andere interne Parasiten gleichzeitig wirksam sind.

Das Alter über einem Jahr

Eine jährliche Routineuntersuchung sollte für jeden Hund – besonders im Alter – selbstverständlich sein. Natürlich ist das Älterwerden keine Krankheit im eigentlichen Sinn; mit zunehmendem Alter verändern sich aber die Körperfunktionen: Sehkraft und Gehör lassen nach, und auch die Leber, die Nieren und das Verdauungssystem arbeiten nicht mehr so wie früher. Eine sinnvolle Ernährungsumstellung in Absprache mit dem Tierarzt kann nun das Leben Ihres Yorkshire Terriers – und somit auch das Ihre – beträchtlich erleichtern.

Wußten Sie schon, daß...

die Wahrscheinlichkeit 1 : 4 beträgt, daß ein Welpe aus Elterntieren, die das rezessive Gen für Akrodermatitis in sich tragen, tatsächlich erkrankt? Folgende Genkombinationen sind möglich: aa = gesund, AA = genetisch und phänotypisch krank, Aa = rezessiv, phänotypisch gesund. Wenn sowohl die Hündin als auch der Rüde Träger des Aa-Gens sind, steht die Wahrscheinlichkeit 1 : 4, daß der Welpe die verhängnisvolle Genkombination AA aufweist, wie das Schaubild zeigt:

Hündin

		A	a	♀
Rüde	A	AA	Aa	
	a	Aa	aa	
	♂			

Hauterkrankungen beim Yorkshire Terrier

Öfter als mit jeder anderen Erkrankung oder Krankheitsform werden Tierärzte mit Hautproblemen konfrontiert. Die Haut von Hunden ist fast ebenso empfindlich wie die des Menschen, und beide können unter fast den gleichen Hautproblemen leiden (obwohl Aknepickel bei Hunden zugegebenermaßen eher selten vorkommen). Deshalb hat sich die Dermatologie in der Tiermedizin zu einer besonderen Fachrichtung entwickelt, auf die sich etliche Tierärzte spezialisiert haben. Da viele Hauterkrankungen mit fast identischen Symptomen einhergehen, muß der Tierarzt umfassende Kenntnisse und fundierte Erfahrung auf dem Gebiet der Dermatologie haben, um ernste Hautprobleme diagnostizieren und behandeln zu können. Einfacher ausgedrückt: Wenn Sie bei Ihrem Hund irgend eine unerklärlich Hautveränderung entdecken, suchen Sie so schnell wie möglich Ihren Tierarzt auf. Mehr noch als bei anderen Erkrankungen gilt in diesem Falle: Je eher die Ursache erkannt ist und die Behandlung beginnt, desto größer sind die Heilungschancen.
Übrigens bieten auch viele Zoofachhandlungen Präparate zur Bekämpfung von Hautproblemen an. Aufgrund des Arzneimittelgesetzes können diese aber nur bis zu einem gewissen Grad gegen die Symptome wirken; von ihrem Gebrauch ist – daher in schweren Fällen – abzuraten.

Auto-Immunerkrankungen der Haut

Auto-Immunerkrankungen werden üblicherweise als allergische Reaktion gegen körpereigene Substanzen bezeichnet. In der Regel zeigt sich eine Allergie in entzündlichen Reaktionen auf äußere Einflüsse; jedoch können auch Auto-Immu-

nerkrankungen schwere Schäden am betroffenen Gewebe anrichten.
Die bekannteste Auto-Immunerkrankung ist Lupus, die sogenannte Hauttuberkulose, die sowohl bei Hunden als auch bei Menschen auftritt. Die Symptome sind sehr unterschiedlich und können die Nieren, die Knochen, das Blut und die Haut betreffen. Diese Erkrankung kann sowohl bei Hunden als auch bei Menschen tödlich verlaufen; sie wird jedoch nicht als übertragbar angesehen.

Wußten Sie schon, daß...
Sie und Ihr Hund die gleichen Allergien entwickeln können? Der Unterschied besteht allerdings darin, daß Ihre Allergie ohne weiteres zu erkennen und im allgemeinen leicht zu behandeln ist, während Allergien bei Ihrem Hund oft verdeckt auftreten.

Erkrankung	Dies ist eine...	Infektion durch...	Symptome
Leptospirose	ernste Erkrankung, die die inneren Organe befällt und auf Menschen übertragbar ist	Bakterien, die häufig von Nagetieren übertragen werden, verbreiten sich durch die Schleimhäute schnell im Körper	in leichten Fällen Fieber, Erbrechen, Appetitlosigkeit, in schweren Schock, unheilbare Nierenschäden, kann schlimmstenfalls zum Tod führen
Tollwut	potentiell tödlich verlaufende Viruserkrankung, die warmblütige Säugetiere befälllt	den Biß eines infizierten Tieres (vornehmlich Wildtiere)	1. Stadium – Verhaltensänderung, Angst 2. Stadium – zunehmende Aggressivität 3. Stadium – Koordinationslosigkeit, Schwierigkeiten mit den Körperfunktionen
Parvovirose	hochgradig ansteckende, oft tödlich verlaufende Viruserkrankung	die orale Aufnahme des Virus über den Kot infizierter Hunde	üblicherweise sehr heftige Durchfälle, Erbrechen, Mattigkeit, Appetitlosigkeit
Zwingerhusten	ansteckende Atemwegsinfektion	die Kombination von verschiedenen Bakterien- und Virustypen; meistverbreitet *Bordetella bronchiseptica* und das Parainfluenzavirus	chronischer Husten
Staupe	Erkrankung, die primär die Atemwege und das Nervensystem befällt	ein Virus, das mit dem menschlichen Masern-Virus verwandt ist	leichte Symptome wie Fieber, Appetitlosigkeit und Schleimabsonderungen entwickeln sich zu offensichtlichen Hirnschäden, Hartballenkrankheit
Hepatitis	Viruserkrankung primär der Leber	das Adenovirus Typ 1 (CAV1) des Hundes, das durch Einatmen aufgenommen wird	schwache Symptome: Apathie, Durchfall, Erbrechen; schwere Symptome u.a. „blaue Augen“ (Virusansammlung im Auge)
Coronavirus	Verdauungsstörungen bewirkende Viruserkrankung	den Kot befallener Hunde	Magenbeschwerden mit Appetitlosigkeit, Erbrechen und Durchfall

Üblicherweise ist die Behandlung mit Kortison, Prednisolon oder einem ähnlichen Kortikosteroid erfolgversprechend, schwere Nebenwirkungen sind jedoch bei hohen Dosierungen dieser Mittel nicht auszuschließen.

Genetisch bedingte Hauterkrankungen

Leider sind viele Hauterkrankungen – oder besser gesagt: die Anfälligkeit für diese – erblich. Manche führen sogar zum Tod. Als Beispiel sei hier die Akrodermatitis genannt, eine vorwiegend bei größeren Hunden auftretende Erbkrankheit, die von beiden Elterntieren weitergegeben wird. Selbst Elterntiere, die zumindest phänotypisch gesund erscheinen (also selbst nicht erkranken), können rezessive Erbanlagen für diese Krankheit in sich tragen und somit an ihre Nachkommen weitergeben.

Wußten Sie schon, daß...
manche Hunde allergisch auf bestimmte Impfstoffe reagieren? Halten Sie deshalb Ihren Yorkie mindestens eine Stunde nach der Impfung unter Beobachtung, damit Sie ihn sofort wieder

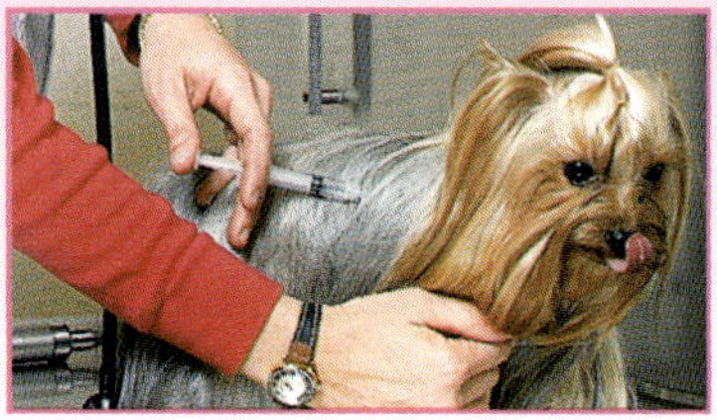

zum Tierarzt bringen können, wenn er solche Impfreaktionen zeigt. Hierdurch könnte auch die Bildung von Antikörpern beeinträchtigt werden.

Akrodermatitis ist auch ein Beispiel dafür, wie schwierig die Diagnose und die Behandlung von Krankheiten beim Hund generell sind. Selbst wenn die Möglichkeit bestünde, durch Untersuchungen herauszufinden, ob eine geplante Paarung ungefährlich ist, wären die Kosten und der notwendige Aufwand unverhältnismäßig hoch – und dies ist eigentlich tragisch, denn von Akrodermatitis befallene Welpen erreichen nur selten das Alter von zwei Jahren. Es gibt andere genetisch bedingte Hautprobleme, die jedoch nicht ganz so verhängnisvoll sind. Sämtliche dieser Erkrankungen müssen von einem Tierarzt diagnostiziert und gezielt behandelt werden, der Spezialist auf diesem Gebiet ist.
Viele Hersteller von Tierarzneimitteln haben sich dieses dringenden Problems angenommen und bereits Forschungsprogramme entwickelt, um möglichst bald wirksame Präparate zur Bekämpfung zumindest der am meisten verbreiteten Hautkrankheiten anbieten zu können.

Parasitenbisse

Viele von uns Menschen reagieren allergisch auf Mückenstiche. Die Stichstellen jucken, entzünden sich und es entwickelt sich ein Hautausschlag. Auch Hunde können solchermaßen auf Flöhe, Zecken und/oder Milben reagieren. Wenn Sie den Mückenstich spüren, schlagen Sie vermutlich spontan nach dem Insekt. Leider hat Ihr Hund nur die Möglichkeit, es durch Kratzen oder Beißen zu entfernen. Bis ihm das gelungen ist, hat es vielleicht schon Eier an der Stichstelle abgelegt, die dann über kurz oder lang neue Probleme verursachen. Übrigens entsteht der typische Juckreiz vermutlich durch den Speichel, den das Insekt in die Stichstelle absondert, wenn es das Blut des Hundes saugt.

Pollenallergien

Eine andere interessante Form der Allergie ist diejenige auf Blütenstaub. Bei Menschen äußert sie sich als Heuschnupfen oder Nesselfieber, oder sie leiden während der Zeit des Pollenfluges unter anderen Beschwerden. Viele Hunde reagieren ebenso allergisch. Wundern Sie sich deshalb nicht, wenn auch Ihr Hund bei extremem Pollenflug leidet, aber erwarten Sie nicht, daß er – so wie Sie – schnieft und seine Nase läuft! Hunde zeigen bei einer Pollenallergie die gleichen Reaktionen wie bei Insektenbissen – sie kratzen und beißen sich. Auch Yorkshire Terrier bleiben von solchen Allergien nicht verschont. Ebenso wie Menschen können auch Hunde auf Allergien getestet werden. Eine solche Behandlung sollten Sie mit einem Veterinär-Dermatologen diskutieren.

Futtermittelallergie

Hunde können allergisch auf viele Futtermittel reagieren – sogar solche, die sich sehr gut verkaufen und von Züchtern und Tierärzten empfohlen werden, nicht ausgenommen! Oftmals hilft auch ein Futterwechsel nicht, weil ausgerechnet der Bestandteil, auf den Ihr Hund allergisch reagiert, auch in dem neuen Futter enthalten ist.

Eine solche Futtermittelallergie zu erkennen, ist äußerst schwierig. Menschen erbrechen oder bekommen Ausschlag, wenn sie irgendetwas essen, auf das sie allergisch reagieren, Hunde dagegen erbrechen meist nicht noch bekommen sie in der Regel Ausschlag. Statt dessen jucken, kratzen und beißen sie sich, so daß die Diagnose äußerst schwierig wird. Während Pollenallergien und Parasitenallergien eher jahreszeitlich gebunden sind, können Futterallergien das ganze Jahr hindurch zum Problem werden.

Die Behandlung von Ernährungsproblemen

Es bestehen durchaus gute Chancen, daß Sie selbst mit Futterunverträglichkeiten Ihres Hundes fertigwerden. Es bedarf allerdings großer Sorgfalt und einiger Geduld! Stellen Sie Ihren Hund auf eine

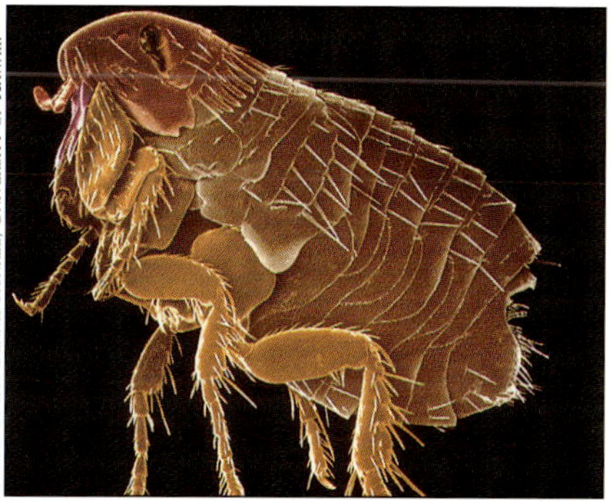

S.E.M. by Dr. Dennis Kunkel, University of Hawaii.

Ein Hundefloh, *Ctenocephalides canis*, unter dem Elektronenmikroskop.

Ernährung um, die er vorher noch nie bekommen hat. Wenn er ein Futter noch nie erhalten hat, kann er logischerweise auch nicht dagegen allergisch gewesen sein oder es zumindest nicht vertragen haben. Versuchen Sie zunächst ein Nahrungsmittel, das mit Sicherheit nicht in seinem bisherigen Futter enthalten war. Gehacktes Rindfleisch oder Fisch sind häufig in Hundefutter enthalten; deshalb versuchen Sie nun etwas „Exotischeres“ wie zum Beispiel Kaninchen, Hammel, Geflügel oder sogar nur Gemüse wie z.B. Kartoffeln. Behalten Sie die gewählte Diät für Ihren Hund ohne andere Zusätze etwa einen Monat lang bei. Wenn die Symptome der Allergie oder Unverträglichkeit verschwinden, haben Sie guten Grund zu der Annahme, daß Sie die Ursache entdeckt haben. Glauben Sie

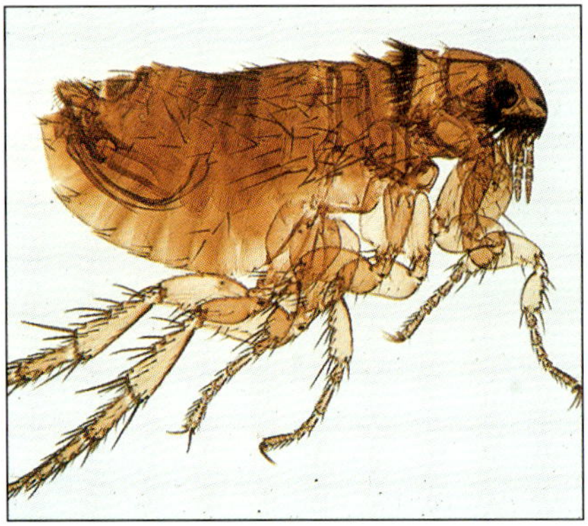

Männlicher Hundefloh, *Ctenophalides canis.*

(gegenüberliegende Seite) Ein Hunde- oder Katzenfloh *Ctenophalides felis* in noch stärkerer Vergrößerung und eingefärbt.

jedoch nicht, daß dadurch das Problem gelöst ist. Sie müssen immer noch die passende Diät herausfinden und – vor allem – sicherstellen, welcher Bestandteil des alten Futters der auslösende Faktor war. Dies ist am einfachsten, indem Sie dem jetzigen „neuen“ Grundfuttermittel nach und nach weitere Zusätze hinzufügen – einen nach dem anderen! – und beobachten, wie Ihr Hund darauf reagiert. Setzen Sie dies so lange fort, bis das Futter Ihres Yorkies ausgewogen und bedarfsgerecht zusammengesetzt ist. Lassen Sie im Zweifel nach jedem weiteren Zusatz erneut eine gewisse Zeit vergehen, bis Sie dessen Verträglichkeit sicher festgestellt haben.

Eine andere Methode ist das sorgfältige Studium der auf der Packung genannten

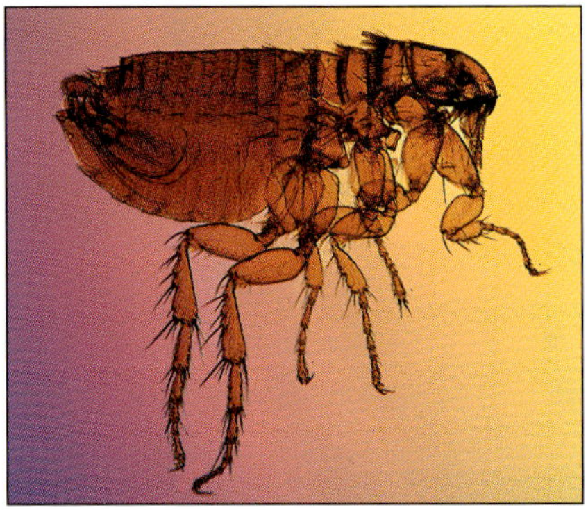

Katzenflöhe kommen häufig auch bei Hunden vor.

Wußten Sie schon, daß...
mittelgroße bis große Hunde jeden Tag bis zu 1.360.000 Spulwurmeier ausscheiden können? Bei einem angenommenen Weltbestand von ca. 1 Million Hunde wird die Umwelt mit ca. 1.300 Tonnen Kot belastet, der 15.000.000.000 Spulwurmeier enthalten könnte! Untersuchungen in den USA haben gezeigt, daß 7 bis 31 % der Gärten und Kinderspielplätze mit Spulwurmeiern verseucht waren. Es nützt auch gar nichts, wenn Sie die Ausscheidungen Ihres Hundes die Toilette hinunterspülen, denn die üblichen Abwasserzusätze töten Spulwurmeier kaum ab. Welpen können bereits über die Muttermilch infiziert werden und beginnen dann bereits mit 3 Wochen, Wurmeier auszuscheiden. Deshalb muß eine wirksame Wurmbehandlung bereits im Alter von 10 bis 12 Tagen beginnen und in regelmäßigen Abständen das ganze Hundeleben lang wiederholt werden.

Eier des Hundeflohs.

Der Lebenszyklus eines Flohs

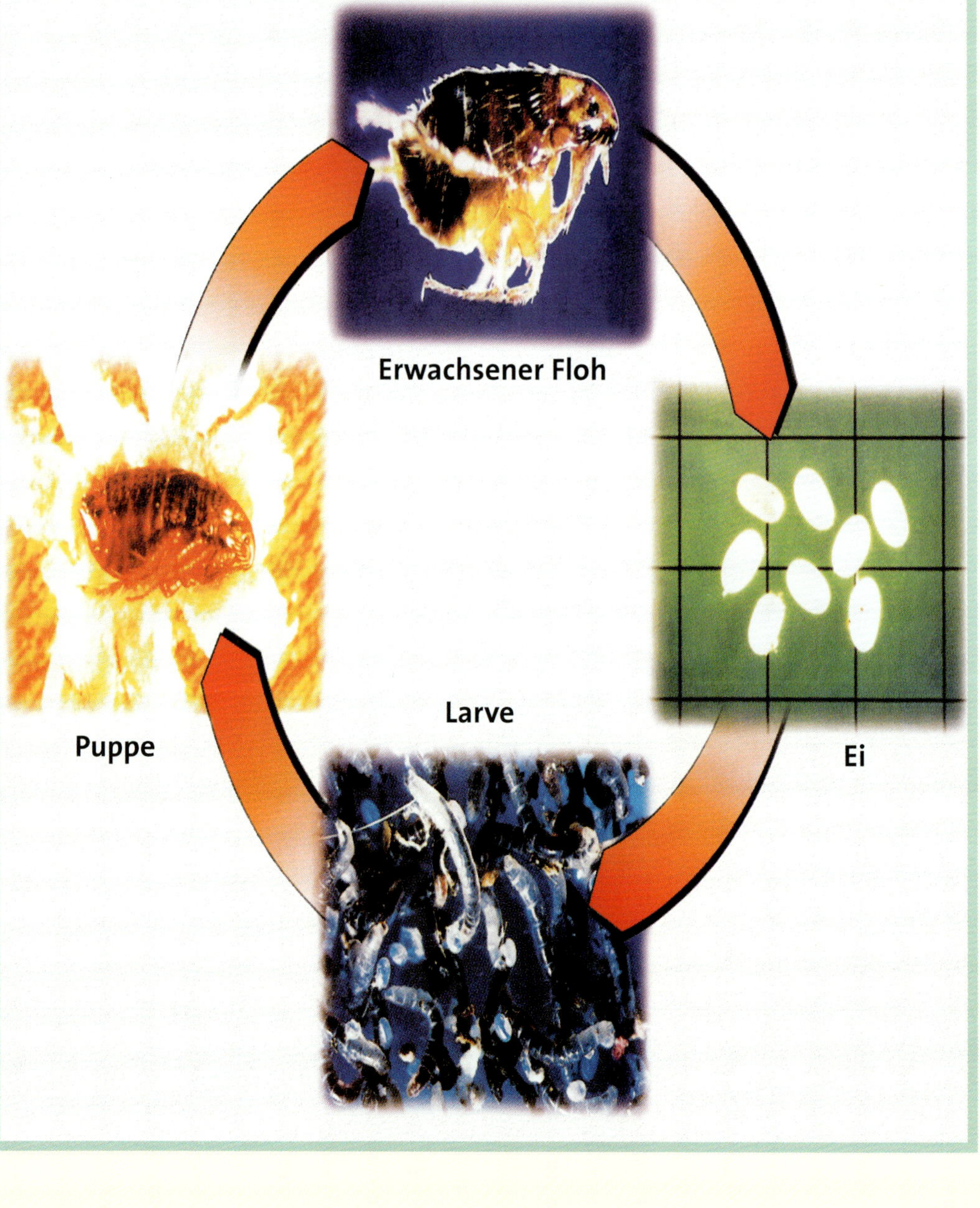

Dieses brillante Foto zeigt einen Floh in der Sprungphase auf dem Rücken eines Hundes.

Inhaltsstoffe des Futters, das Ihr Hund nicht verträgt. Finden Sie heraus, auf welchem Hauptbestandteil dieses Futter basiert, und kaufen Sie ein anderes Präparat, in dem dieser Inhaltsstoff fehlt. Probieren Sie auch dies mindestens einen Monat lang aus, da es so lange dauern kann, bis die Symptome verschwunden sind.

Äußere Parasiten

Es gibt wohl keine bekanntere und frustrierendere Plage, mit der es Hunde zu tun haben, als Flöhe. Flöhe sind zwar relativ leicht zu behandeln, man kann einen Hund jedoch kaum davor schützen. Übrigens trifft genau das Gegenteil für innere Parasiten zu: Sie sind etwas schwieriger zu behandeln, dafür aber leichter unter Kontrolle zu halten.

Flöhe

Es ist durchaus möglich, den Flohbefall seines Hundes in den Griff zu bekommen, sofern man den typischen Lebenszyklus eines Flohs kennt und sich dieses Wissen zunutze macht. Üblicherweise stellen Flöhe im Sommer ein besonders großes Problem dar, und ihre Bekämpfung zielt vor allem auf die Umgebung des Hundes. Leider gibt es kein Allheilmittel gegen Flöhe, das in jeder flohverseuchten Umgebung angewandt werden könnte. Für eine effektive Bekämpfung muß ein jeweils geeignetes Mittel genau in dem Stadium des Entwicklungszyklus der Flöhe eingesetzt werden, in dem diese am leichtesten abzutöten sind.

Der Entwicklungszyklus des Flohs

Flöhe durchlaufen vier verschiedene Entwicklungsphasen: das Ei-Stadium, das Larvenstadium, das Puppenstadium und das Erwachsenenstadium. Um Floheier, -larven oder -puppen nachzuweisen, benötigen Sie ein Mikroskop oder eine starke Lupe. Ein Floh verbringt sein ganzes

Yorkies können überall im Freien Flöhe, Zecken und Wurmeier aufnehmen.

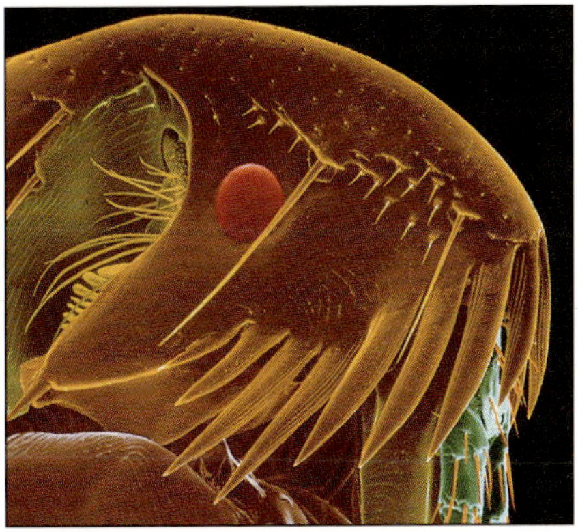

Der Kopf eines Hundeflohs unter dem Elektronenmikroskop.

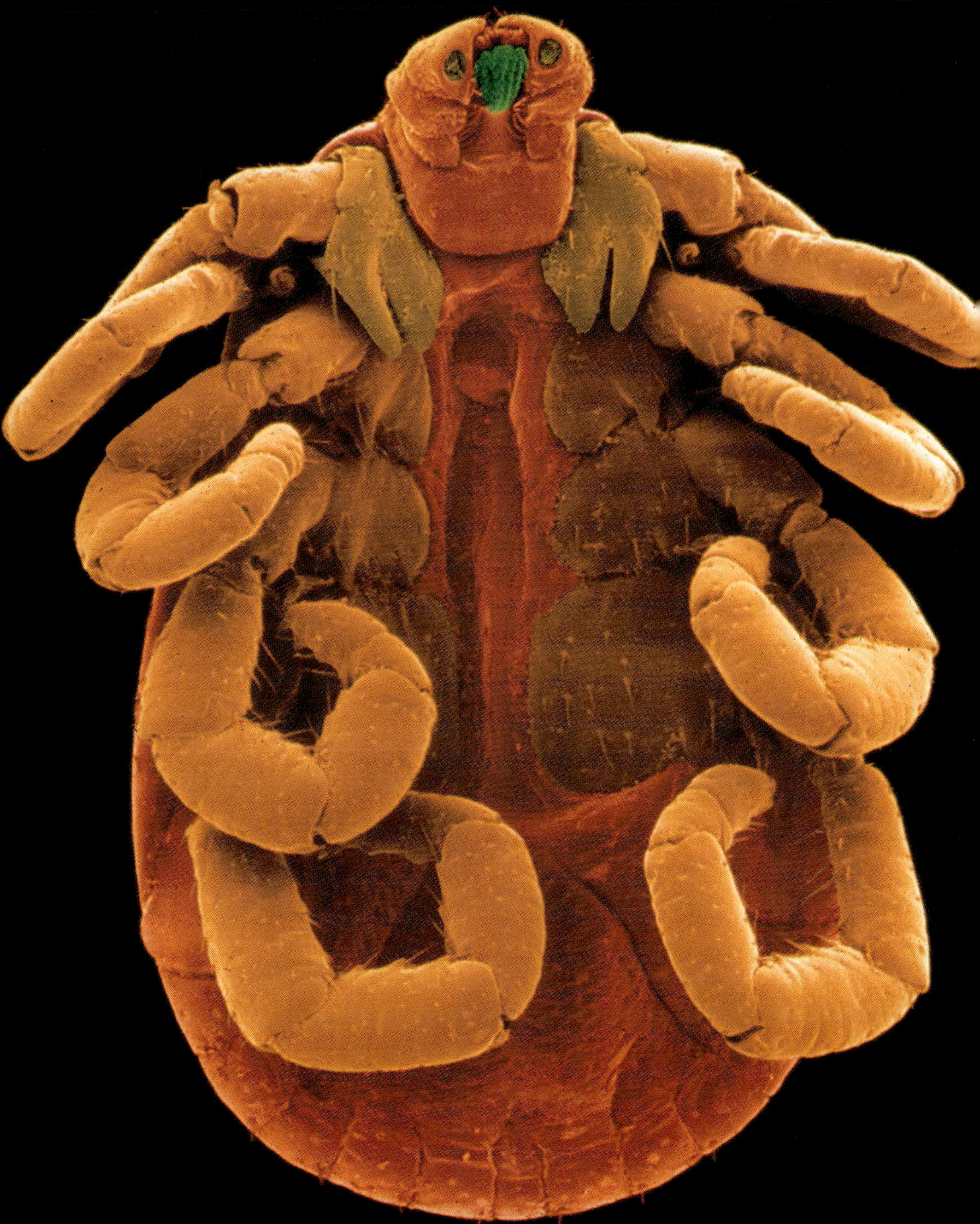

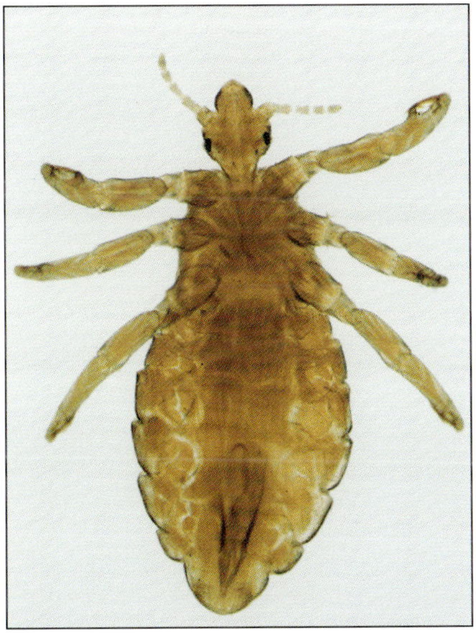

Hundeläuse sind kaum von den Läusen, die Menschen befallen, zu unterscheiden.

Leben auf Ihrem Yorkshire Terrier, wenn er nicht durch Ihr Bürsten und Baden oder das Kratzen und Beißen Ihres Hundes gewaltsam entfernt wird.

Einige Floharten befallen Hunde und Katzen gleichermaßen. Der typische Hundefloh ist unter dem wissenschaftlichen Namen *Ctenocephalides canis* bekannt, während der Katzenfloh *Ctenocephalides felis* genannt wird. Katzenflöhe kommen sehr häufig auch bei Hunden vor. Flöhe legen Eier, während sie sich auf Ihrem Hund häuslich niedergelassen haben. Diese Eier sind zunächst etwas feucht, trocknen aber schnell und können dann abfallen, da sie nicht am Hundehaar festkleben. Diese Eier bilden den Grundstock für zukünftigen neuen Flohbefall. Wenn Ihr Hund sich also kratzt und auf diese Weise wenigsten ein paar Flöhe los wird, fallen die Eier ab und warten geduldig auf eine neue Chance, einen Hund zu überfallen ...oder auch einen Menschen! Jawohl, Hundeflöhe befallen tatsächlich Menschen. Aus diesem Grund ist es um so wichtiger, sowohl den Hund als auch dessen Umgebung flohfrei zu halten. Hierauf muß jegliche Flohbehandlung abzielen!

Wie wird Ihr Haus flohfrei?

Die einfache Grundregel hierfür ist: Sauberkeit. Wenn Ihr Hund mit einer Katze zusammenlebt, ist der Fall noch etwas schwieriger, da die meisten Hundeflöhe ohnehin in Wirklichkeit Katzenflöhe sind. Da Ihre Katze in Bereiche hochklettert, die Ihr Hund nie erreichen wird (wie z.B. Fensterbretter, Tische o.ä.) müssen Sie natürlich auch diese Stellen gründlich reinigen. Harte Bodenbeläge (Fliesen, Holz, Stein, Linoleum) müssen mehrmals täglich gewischt werden. Essenskrümel auf dem Fußboden sind willkommene Nahrungsquellen für Flohlarven! Alle Teppiche und die Möbel müssen mehrmals am Tag gesaugt werden. Vergessen Sie dabei die Schränke, die Bereiche unter den Möbeln und vor allem Kissen und Polster nicht! In einer Studie wurde festgestellt, daß ein Klopfsauger lediglich 20 % der Flohlarven und 50 % der Eier entfernen kann. Staubsaugerbeutel sollten in einen verschließbaren Plastikbeutel geleert oder sofort verbrannt werden. Der Staubsauger selbst muß natürlich ebenfalls gereinigt werden.

Auch der Bereich außerhalb des Hauses, in dem sich Ihr Hund häufig aufhält, muß mit einem Insektenvernichtungsmittel behandelt werden.

All dies klingt nach jeder Menge Arbeit – und genau das ist es auch; deshalb der

(gegenüberliegende Seite) Die Hundezecke *Dermacentor variabilis* ist die am häufigsten bei Hunden vorkommende Zecke. Beachten Sie die kräftigen Beine und Beißwerkzeuge! Kein Wunder, daß sie so schwer zu entfernen ist.

Zecken leben ausschließlich von Blut.

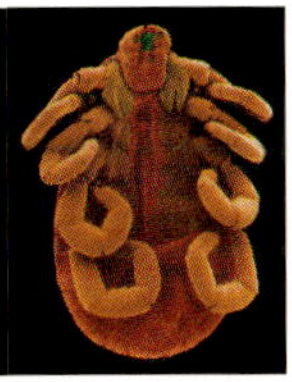

Die Räudemilbe *Psoroptes bovis* in über 200facher Vergrößerung.

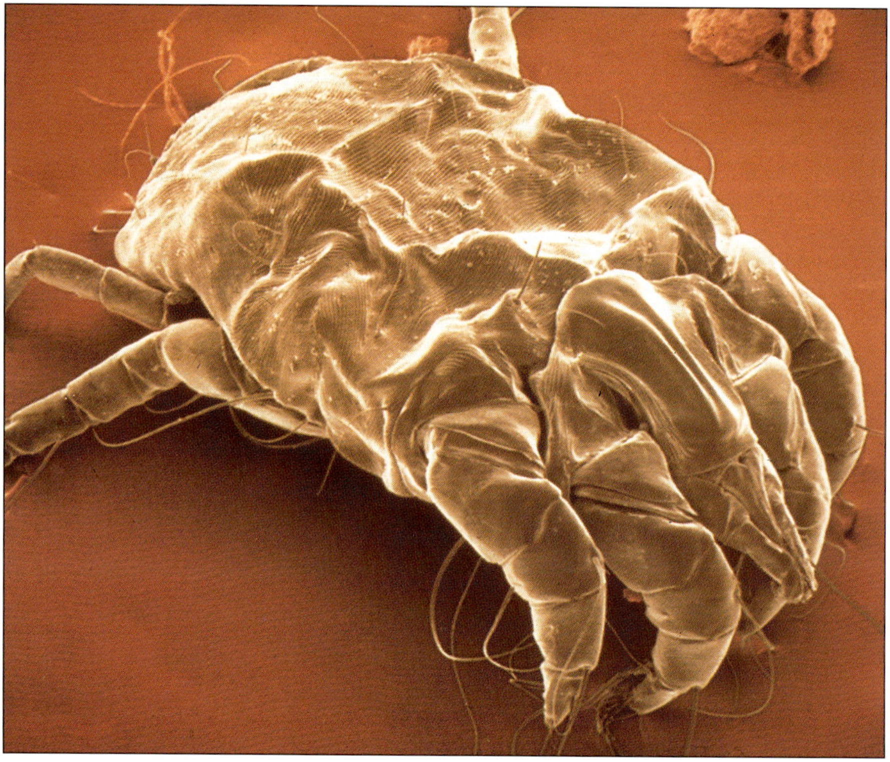

Rat: Wenn Sie es sich leisten können, lassen Sie einen professionellen Reinigungsdienst zur Tat schreiten.
Da es zahlreiche Flohbekämpfungsmittel gibt, die am Hund selbst angewandt werden, ist es ratsam, diese Behandlung nur unter Aufsicht des Tierarztes vorzunehmen. Dies gilt auch und besonders für den neuen Wirkstoff Ivermectin, der gegen viele externe und interne Parasiten wirkt – auch gegen Spulwürmer, Plattwürmer, Zecken und Milben. Er ist allerdings bei uns noch nicht für eine solche Behandlung bei Hunden zugelassen; trotzdem wird er von einigen Veterinären eingesetzt.

Das Sterilisieren der Umgebung
Außer der Reinigung des Hauses mit Staubsauger und Wischmopp müssen Sie sich auch den Außenbereich, in dem sich Ihr Hund häufig aufhält, vornehmen. Das heißt im Extremfall: Büsche müssen zurückgeschnitten werden, und manchmal ist auch das Versprühen von – vorzugsweise umweltfreundlichen – Insektenvernichtungsmitteln unumgänglich. Achten Sie dabei jedoch sorgfältig darauf, Bereiche, in denen sich andere Lebewesen aufhalten, möglichst auszusparen. Am effektivsten kann das sicherlich ein professioneller Insektenbekämpfungsdienst, der auf solche Arbeiten spezialisiert ist. Vielleicht kann Ihnen Ihr Tierarzt auch hier eine Empfehlung am Ort geben.

Zecken und Milben

Obwohl sie nicht ganz so verbreitet sind wie Flöhe, gibt es Zecken und Milben doch in sämtlichen tropischen und gemäßigten Zonen der Welt. Im Gegensatz zu Flöhen beißen sie nicht, sondern sie bohren ihren scharfen Rüssel fast wie eine Harpune in die Haut des Hundes und saugen sein Blut – ihre einzige Nahrungs- und Flüssigkeitsquelle. Hierdurch können sie gefährliche Krankheitserreger übertragen wie z.B. den Erreger des Zeckenfiebers, Verursacher von Lähmungserscheinungen und viele mehr.

Der Kopf einer Hundezecke, vergrößert und eingefärbt.

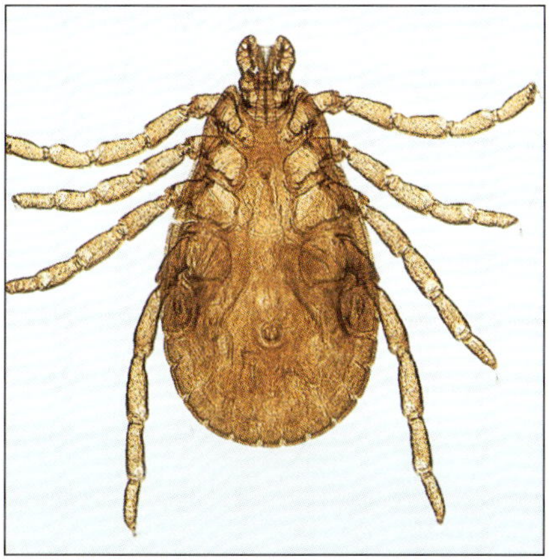

Die braune Hundezecke *Rhipicephalus sanguineus*.

Zecken und Milben haben den gleichen Lebensraum wie Flöhe, und außerdem bevorzugen sie Mauerritzen und –fugen überall dort, wo sich Hunde regelmäßig aufhalten. Sie werden auf die gleiche Weise bekämpft wie Flöhe.

Die Hundezecke *Dermacentor variabilis* ist vermutlich in vielen Gebieten, besonders in heißen, feuchten Klimazonen, die am meisten verbreitete ihrer Art. Die Lebenserwartung der meisten Zecken schwankt zwischen einer Woche und sechs Monaten, abhängig von den klimatischen Bedingungen. Zecken können weder springen noch fliegen; sie können sich jedoch langsam krabbelnd vorwärtsbewegen und so durchaus bis zu 5 Meter zurücklegen, um ein schlafendes, nichts ahnendes Opfer zu erreichen.

Räude

Räude ist die Bezeichnung für eine ernste Hauterkrankung, die durch Milben verursacht wird. Einige Räudemilben sind übertragbar, wie z.B. Cheyletiella, Ohr-

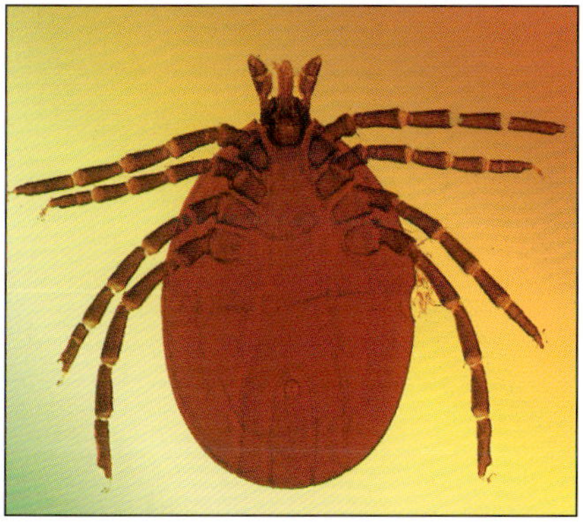

Eine weniger verbreitete Hundezecke der Art *Ixodes*, vergrößert und eingefärbt.

Achten Sie drauf!

Es gibt zahlreiche Mittel, mit denen Parasiten, vor allem Flöhe, in Haus und Garten zu bekämpfen sind. Im Haus empfehlen sich natürliche Pyrethrum-Extrakte; darüber hinaus eignen sich auch Allethrin, Bioallethrin, Permethrin und Propxur für die Anwendung im Haus. Permethrin ist auch draußen erfolgreich angewandt worden, und auch Carbaryl eignet sich für den Gebrauch im und außerhalb des Hauses. Chlorpyrifos, Diazinon und Malathion haben in beiden Anwendungsbereichen sogar eine Langzeitwirkung gezeigt.

Es empfiehlt sich bei jeder Parasitenbekämpfung, von Zeit zu Zeit das Mittel zu wechseln, um möglichen Resistenzen vorzubeugen.

milben und Sarcoptes, Demodexmilben dagegen sind nicht ansteckend. Am schlimmsten – weil wohl am meisten verbreitet – ist der Befall mit Ohrmilben. Auch er ist mit Ivermectin wirksam zu bekämpfen. Übrigens ist es äußerst wichtig, daß jede Räudebehandlung durch den Tierarzt so schnell wie möglich einsetzt, da einige Räudeformen auch auf Menschen übertragbar sind.

Interne Parasiten

Die meisten Lebewesen – Fische, Vögel, Säugetiere und auch Menschen – haben Würmer und andere Parasiten, die in ihrem Körper leben. Der Fischpathologe Dr. Herbert Axelrodt unterscheidet zwei Arten von Parasiten: „dumme" und „kluge". Die „klugen" Parasiten leben mit ihrem Wirt in friedlicher Eintracht (Symbiose), die „dummen" zerstören ihren Wirt. Die meisten Wurminfektionen sind verhältnismäßig einfach in den Griff zu bekommen.

Der Spulwurm *Ascaris lumbricoides.*

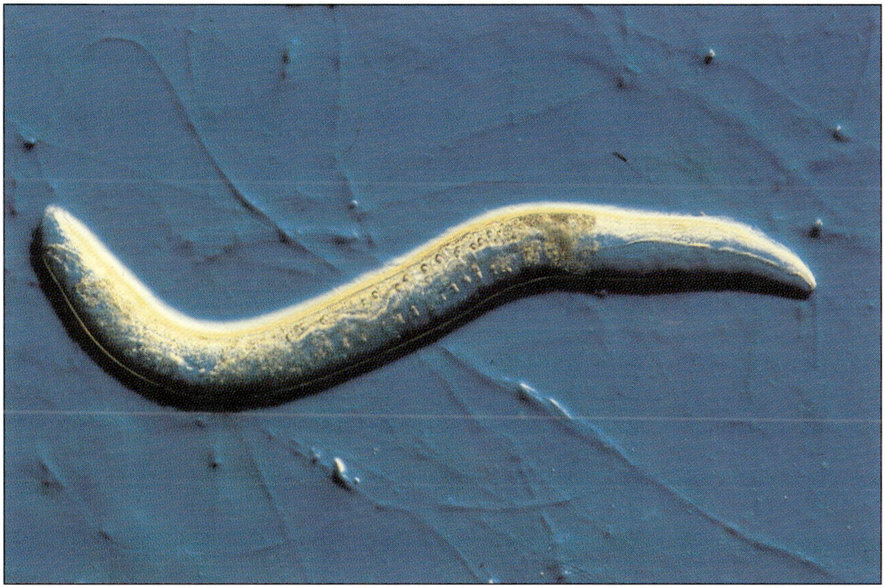

Menschen, Hunde und auch Schweine können sich mit Spulwürmern infizieren.

Wenn die Würmer nicht bekämpft werden, schwächen sie ihren Wirtshund zwar letztendlich so stark, daß er sehr anfällig für andere Krankheiten wird, aber sie selbst führen nicht zum Tode des Hunde – sie sind also nicht „dumm".

Spulwürmer

Die wissenschaftliche Bezeichnung für die Spulwürmer, die bei Hunden vorkommen, lautet *Toxocara canis*. Diese Spulwürmer leben im Darm des Hundes und scheiden permanent Eier aus. Man schätzt, daß ein mittelgroßer Hund täglich etwa 150 g Kot abgibt, von denen jedes einzelne Gramm im Extremfall 10000 bis 12000 Spulwurmeier enthalten könnte! Es ist praktisch kein Bereich bekannt, in dem sich Hunde aufhalten, der nicht von Spulwurmeiern verseucht ist. Dabei besteht die größte Gefahr darin, daß auch Menschen diese Spulwürmer bekommen können. Es ist deshalb unerläßlich, den Kot Ihres Hundes regel-

Wußten Sie schon, daß…

Menschen, Ratten, Eichhörnchen, Füchse, Kojoten, Wölfe, Hunde – Mischlinge genauso wie reinrassige – und andere Tiere Bandwürmer haben können? Bei Tieren verläuft ein solcher Bandwurmbefall in der Regel nicht tödlich. Befallene Lebewesen können bis zu tausend Würmer beherbergen! Bandwürmer sind entweder männlichen oder weiblichen Geschlechts (im Gegensatz zu anderen Wurmarten, deren Vertreter jeweils beides sind). Hunde infizieren sich, indem sie befallene Ratten oder Mäuse oder auch Flöhe verschlucken. Einen Monat, nachdem die Würmer sich an der Darmwand des Hundes festgesetzt haben, beginnen sie mit der Eiablage. Diese Eier können sofort als Überträger auf andere Hunde wirken und mehrere Monate in der Natur – ohne Wirtstier – überleben. Spul-, Haken-, Peitschen- und Bandwürmer sind nur einige der bekanntesten Wurmarten, die bei Hunden vorkommen können.

Der Spulwurm *Rhabditis.*

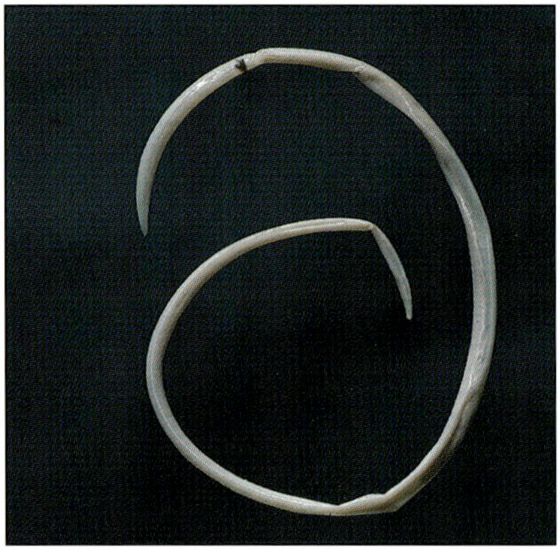

Männlicher und weiblicher Hakenwurm *Ancylostoma caninum,* bei Yorkshire Terriern sehr selten gefunden.

Wußten Sie schon, daß...

Ivermectin immer häufiger das Mittel der Wahl auch zur Behandlung von parasitären Hauterkrankungen ist? Allerdings gehört an diese Stelle der deutliche Hinweis, daß es zumindest in Deutschland noch nicht für die Anwendung bei Hunden zugelassen ist. Bei entsprechenden Tests haben nämlich einige Schäferhundrassen – aus unbekannten Gründen – äußerst empfindlich auf Ivermectin reagiert. Einige dieser Hunde sind nach Ivermectin-Injektionen sogar zu Tode gekommen. Trotzdem ist abzuwägen, ob bei einem sehr stark von Hautparasiten befallenen Hund dieses Risiko in Kauf zu nehmen ist. Eine Überreaktion auf Ivermectin äußert sich in Vergiftungserscheinungen wie Zittern, Verlust der Muskelkontrolle, andauernde Pupillenerweiterung, Koma oder Atemstillstand. Solche Symptome treten üblicherweise frühestens 4 bis 6 Stunden, spätestens 12 Stunden nach der Absorbierung des Stoffes auf. Je später eine solche Reaktion einsetzt, desto glimpflicher ist ihr Verlauf. Aus diesen Fakten ergibt sich zwingend, daß Ivermectin ausschließlich unter Aufsicht des Tierarztes und bei strenger Indikation angewendet werden darf.. In einigen Fällen ist eine zweimalige Behandlung mit Ivermectin erforderlich.

mäßig auf Spulwurmbefall untersuchen zu lassen oder ihn vorsorglich regelmäßig zu entwurmen. Übrigens können auch Schweine Spulwürmer haben, die auf Menschen und Hunde übertragbar sind; diese gehören üblicherweise zu der Art *Ascaris lumbricoides*.

Hakenwürmer

Der Wurm *Ancylostoma caninum* wird landläufig auch Hakenwurm des Hundes genannt. Er ist äußerst gefährlich auch für Menschen und Katzen. Auch er hat Beißwerkzeuge, mit denen er sich an den Darmwänden seines Wirtshundes festsetzt. Er wechselt im Laufe eines Tages bis zu sechsmal die Stelle im Darm und hinterläßt jedesmal eine blutende Wunde, die bei starkem Befall zu Blutarmut

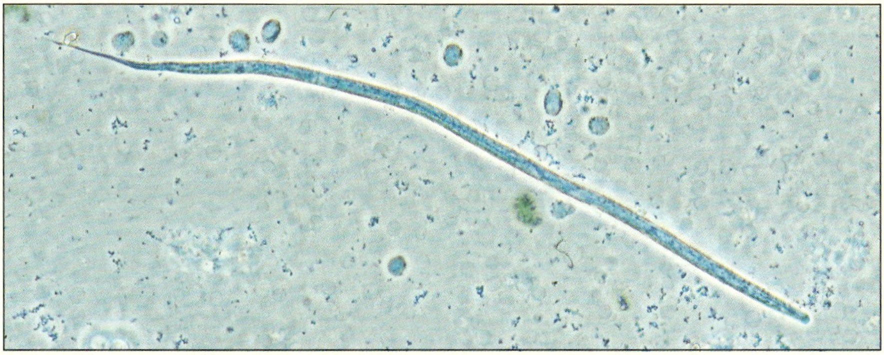

Der Herzwurm *Dirofilaria immitis.*

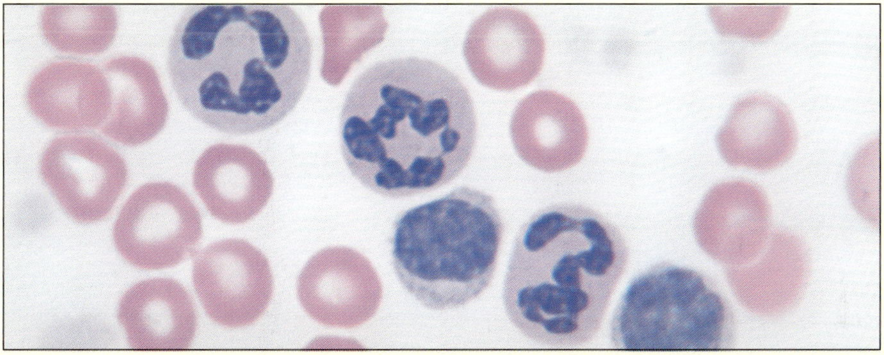

Herzwurmlarven in starker Vergrößerung.

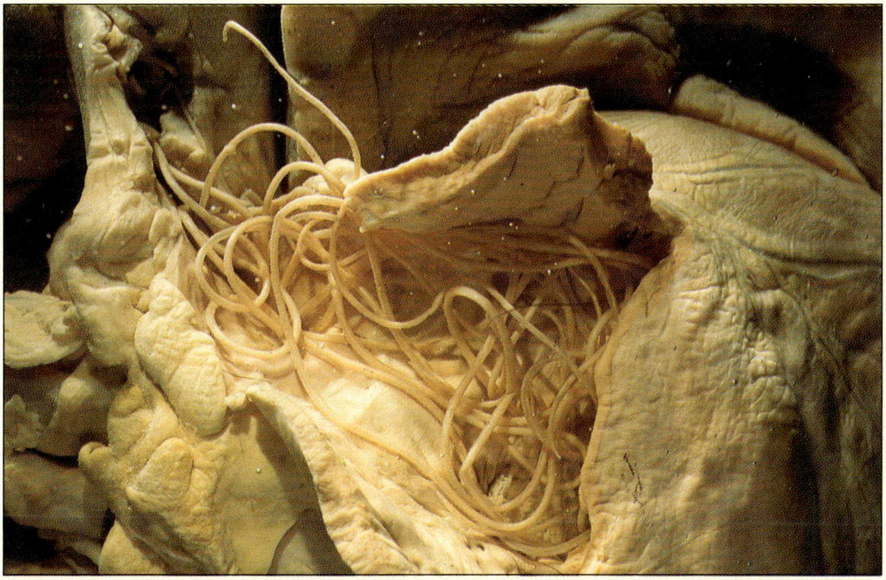

Das von Herzwürmern befallene Herz eines Hundes.

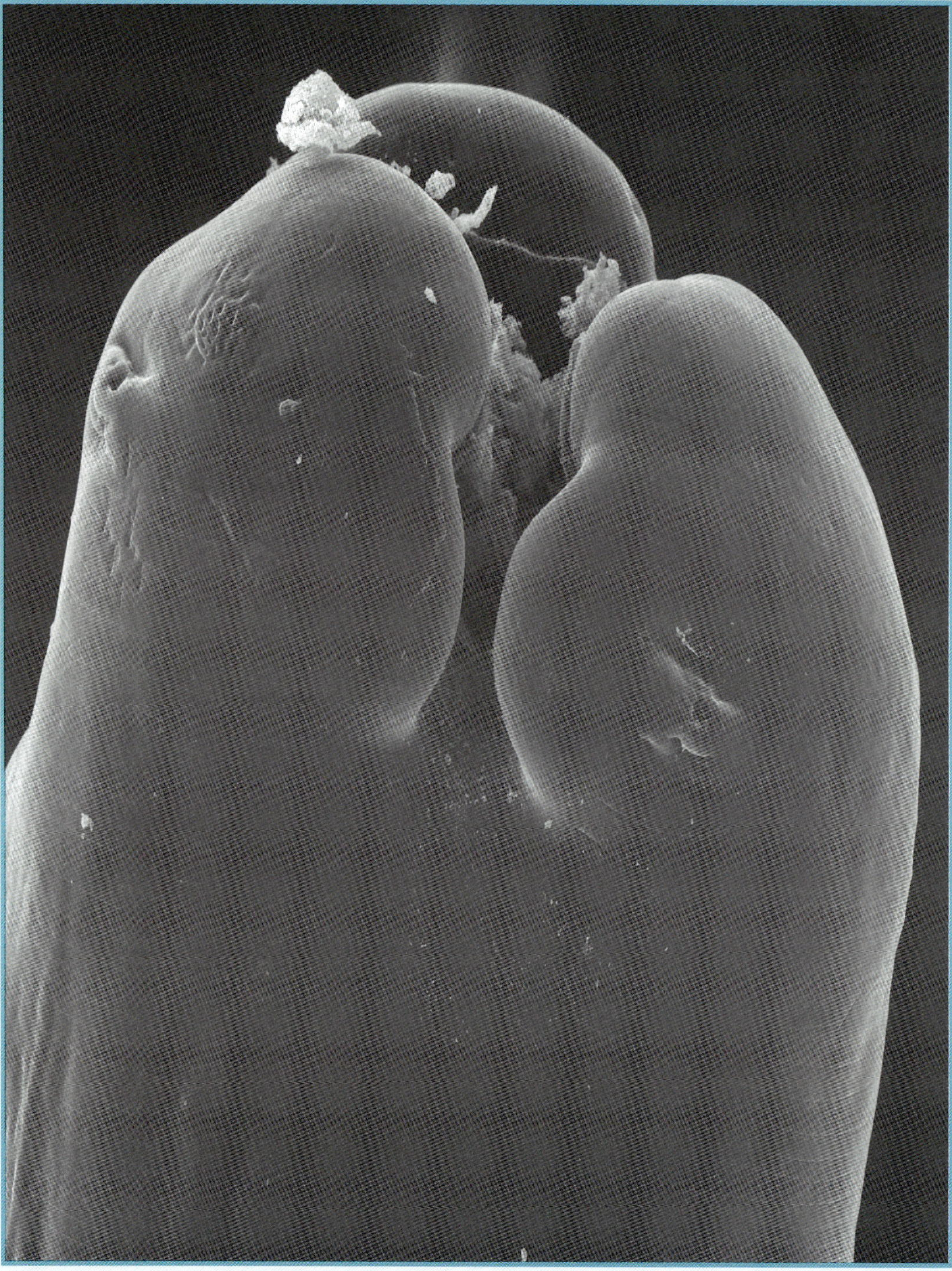

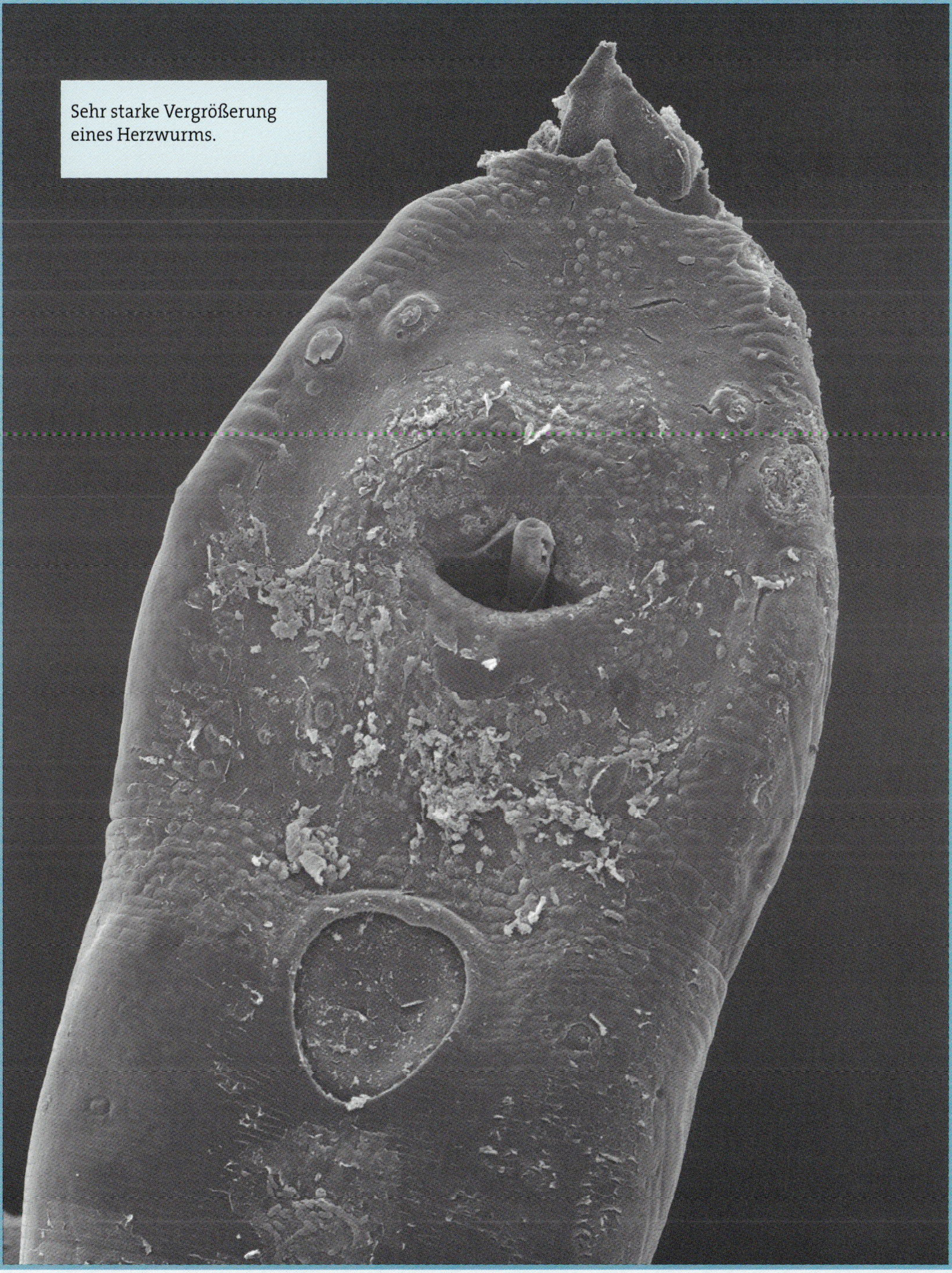

Sehr starke Vergrößerung eines Herzwurms.

Wußten Sie schon, daß...
alle Flohbekämpfungsmittel mehr oder weniger giftig sind? Sprühen Sie diese giftigen Chemikalien deshalb möglichst nicht auf Körperpartien, an denen sich Ihr Hund lecken könnte. Bei gesunden Hunden empfiehlt sich eher eine „innere“ Flohbekämpfung mit Mitteln, die ihm eingegeben werden – es sei denn, der Tierarzt rät hiervon ausdrücklich ab.

Nach einer Urlaubsreise mit Hund in südliche Länder könnte die Untersuchung auf Herzwürmer angesagt sein.

und Eisenmangel führt. Glücklicherweise gibt es etliche Mittel, um den Hund von Hakenwürmern zu befreien. Auch hier scheint Ivermectin am besten zu wirken, obwohl es für diesen Gebrauch noch nicht zugelassen ist.

Bandwürmer

Es gibt viele verschiedene Bandwurmarten. Vor allem Flöhe sind Träger von Bandwurmeiern. Wenn ein Hund also einen soeben zerbissenen Floh herunterschluckt, nimmt er diese Eier auf und initiiert so unbewußt den Entwicklungszy-

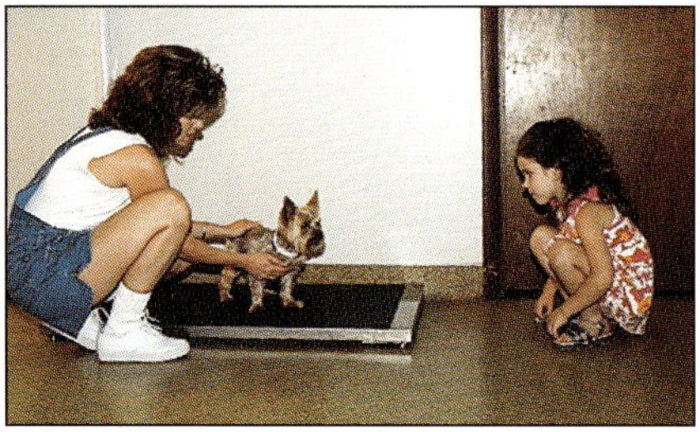

Kindern muß von Anfang an klar gemacht werden, wie sie mit Ihrem Yorkie umgehen sollten, damit seine natürliche Kinderfreundlichkeit nicht durch schlechte Erfahrungen leidet.

klus des Bandwurms. Auch Menschen können Bandwürmer bekommen; Seien Sie also äußerst vorsichtig... Im Ernst: Flöhe sind so klein, daß Ihr Hund einen toten Floh leicht auf Ihrer Hand, Ihrem Teller oder auf Lebensmitteln hinterlassen könnte, ohne daß Sie es merken – und schon wäre es passiert! Während Bandwurmbefall für Hunde keineswegs lebensbedrohend ist (Bandwürmer sind kluge Parasiten!), kann der Bandwurm *Echinococcus multilocularis* beim Menschen eine schwere Lebererkrankung hervorrufen. Ungefähr 50 Prozent der hierdurch an Alveolärer Hydatidose leidenden infizierten Menschen sterben daran.

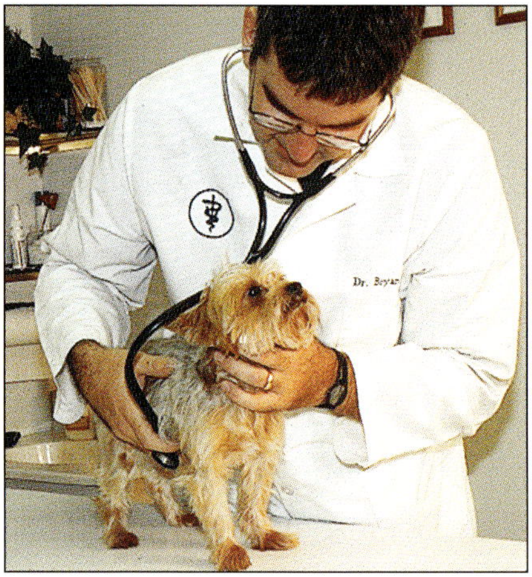

Herzwürmer

Dies sind dünne Würmer, die bis zu 30 cm lang werden und sich im Herzen des Hundes und in den umliegenden Hauptblutgefäßen ansiedeln können. Glücklicherweise ist diese gefährliche Erkrankung in Deutschland äußerst selten, da die Erreger derzeit nur im Mittelmeerraum vorkommen. Deshalb soll auf diese Parasiten an dieser Stelle nicht näher eingegangen werden.

Ihr Yorkshire Terrier im Alter

Der Begriff „alt“ im Verlauf eines Hundelebens ist ein qualitativer Begriff, denn ebenso wie beim Menschen ist „alt“ relativ zu sehen. Sicherlich können wir mit Leichtigkeit zwischen einem Welpen und einem ausgewachsenen Yorkshire Terrier unterscheiden – schon die Unterschiede in Größe und äußerem Erscheinungsbild sind zweifellos offensichtlich, und auch ihre Persönlichkeitsmerkmale, ihr Verhalten und ihr Ausdruck sind erkennbar anders.

Es gibt nur sehr wenige Welpen, die wirklich „böse“ sind. Welpen und junge Hun-

Wußten Sie schon, daß...
als einfache Faustregel gilt: Ihr Hund wird dann alt, wenn Sie es ihm anmerken? Seine allgemeine Aktivität läßt auf allen Gebieten nach: Er rennt, läuft, frißt und springt weniger oder langsamer und sogar seine früheren Lieblingsspiele werden nicht mehr so intensiv ausgeübt. Dagegen nehmen andere Beschäftigungen zu: Er schläft mehr, er ist anlehnungsbedürftiger und zeigt das auch durch vermehrtes Handlecken. Manchmal wiederholt er ohne besondere Aufforderung früher gelernte Verhaltensweisen.

Behandeln Sie Ihren Yorkie im Seniorenalter mit Respekt und besonderer Rücksicht.

Das Gebiß eines alten Hundes muß regelmäßig kontrolliert werden.

de spielen gern mit Kindern, deren natürlicher Überschwang genau das Richtige für die scheinbar unerschöpfliche Energie junger Hunde ist. Sie lieben es zu rennen, zu springen, sich zu jagen und Gegenstände zu apportieren. Wenn Hunde heranwachsen und ihr Interesse am Spiel mit Kindern nachläßt, wird dies oft als „zu alt für das Spiel mit Kindern" bezeichnet. Andererseits wird ein Yorkshire Terrier, der sein Leben nur mit Menschen über 60 verbringt, vermutlich niemals besondere Aktivität entwickeln, und man wird, auch wenn er an Jahren älter wird, nicht so deutlich erkennen, daß er „alt wird". Einer Lebenserwartung von

100 Jahren beim Menschen entsprechen etwa 20 Jahre im Leben eines Hundes. Dies ist zwar eine gute Faustregel, aber sie ist doch sehr ungenau. Beim Vergleich von Hunde- und Menschenjahren sollte man nicht verallgemeinern. Yorkshire Terrier erreichen häufig ein Alter von 14 oder gar mehr Jahren, während für einige große Hunderassen schon das Alter von 10 Jahren fast als „biblisch" anzusehen ist. Im allgemeinen sind Hunde spätestens im Alter von 3 Jahren ausgewachsen, wobei sie sich bereits wesentlich früher fortpflanzen können. Die ersten drei Hundejahre werden deshalb mit sieben multipliziert, um genausoviel Menschenjahren zu entsprechen; das heißt ein drei Jahre alter Hund ist in seiner Entwicklung einem 21jährigen Menschen vergleichbar. Wie die Kurvengrafik zeigt (S.138), gibt es keine feste Regel für die Umrechnung von Hundejahren in Menschenjahre, und der Vergleich wird noch erschwert durch die Tatsache, daß nicht alle Menschen gleich schnell altern ... und daß zum Beispiel Frauen im Durchschnitt älter werden als Männer.

Achten Sie drauf!

Ein Besuch beim Tierarzt ist angesagt, wenn eines der nachfolgenden Symptome bei Ihrem Hund immer deutlicher erkennbar ist!

- Ihr Hund jault und winselt bei jeder Bewegung und will partout nicht mehr laufen.
- Er bekommt häufiger Krämpfe, die mit der Zeit stärker werden. Ein Krampf äußert sich in der Regel in einer Versteifung der Glieder, Muskelzittern und Bewegungsunfähigkeit und kann 5 bis 30 Minuten andauern.
- Immer häufiger setzt er Urin oder sogar Kot im Haus ab, und dies ohne Vorwarnung. Bitte nehmen Sie ihm solche Mißgeschicke nicht übel; er kann nichts dafür!
- Er muß sich immer häufiger übergeben.

Diese Symptome sind nicht unmittelbar lebensbedrohend; sie sollten jedoch sehr ernst genommen werden.

Und wenn die Zeit kommt ...

Ist wohl niemand wirklich auf die rationale Entscheidung vorbereitet, seinen Hund einzuschläfern zu lassen. Es steht außer Zweifel, daß Sie Ihren Yorkie lieben (sonst würden Sie vermutlich auch dieses Buch nicht lesen), und es fällt unsagbar schwer, einen geliebten Hund einschläfern zu lassen. Dennoch müssen Sie diese Entscheidung irgendwann zusammen mit Ihrem Tierarzt treffen, spätestens dann, wenn die oben angesprochenen Symptome so stark werden, daß es ohne tierärztliche Hilfe einfach nicht mehr geht. Wenn die Krankheitsprognose des Tierarztes das nahende Ende andeutet und Ihren Hund nur noch Leiden und der vollkommene Verlust der Lebensfreude erwarten, dann haben Sie zu seinem Besten keine andere Wahl mehr als die Euthanasie.

Wußten Sie schon, daß...
ausschließlich Tierärzte Tiere einschläfern dürfen. Vielleicht haben Sie ja das Glück, daß Ihr Tierarzt zu Ihnen nach Hause kommt, um das Unvermeidliche zu tun! So könnte Ihr vierbeiniger Freund in seiner gewohnten Umgebung angstfrei in Ihren Armen einschlafen. Selbstverständlich dürfen Sie ihn auch nicht allein lassen, wenn „es“ in der Praxis oder Tierklinik sein müßte.

Fordern Sie von Ihrem alten Yorkie nicht zu viel Aktivität – spielen Sie nur mit ihm, wenn er Sie dazu auffordert.

Was ist Euthanasie?

Das Wort „Euthanasie“ bedeutet im Griechischen „guter Tod“ im Sinne von „Erlö-

Auf dem Tierfriedhof.

Ein Tierfriedhof für Urnenbestattung.

sung von Leiden". Mit anderen Worten: Es bezeichnet das planvolle, schmerzlose Töten eines Hundes, der an einer unheilbaren, schmerzhaften Krankheit leidet oder auch so alt ist, daß er nicht mehr laufen, sehen, fressen und seine Ausscheidungsfunktionen kontrollieren kann, dessen Leben also jede Qualität verloren hat.

Wußten Sie schon, daß...
es wirklich eine große Hilfe ist, offen über die belastende Angelegenheit zu sprechen, wenn der Zeitpunkt gekommen ist, an dem Ihr Hund von seinem Leiden erlöst werden muß?

Üblicherweise wird ein Hund euthanasiert, indem eine Überdosis Narkosemittel oder Barbiturat injiziert wird. Abgesehen von dem Einstich der Injektionsnadel merkt der Hund davon überhaupt nichts. Da das Wort „Euthanasie" in Deutschland geschichtlich belastet ist, wird hier die Bezeichnung „Einschläfern" vorgezogen.

Und was ist mit Ihnen?

Die Tage zwischen dem Ausbruch der Krankheit und dem Tod Ihres Hundes sind sicherlich äußerst belastend. Manchen Menschen, die zum erstenmal mit dem Tod eines geliebten Familienmitglieds konfrontiert werden, ist ihr religiöser Glaube eine Hilfe. Als Familienoberhaupt sollten Sie in jedem Fall alle Familienmitglieder, auch die Kinder, in die schwere Entscheidung einbeziehen, Ihren Yorkshire Terrier einschläfern zu lassen.

Fragen Sie Ihren Tierarzt nach dem nächstgelegenen Tierfriedhof.

Dies ist allen eine Hilfe auf dem harten Weg der Entscheidungsfindung. Tun Sie Ihrem Hund aber bitte einen Gefallen: Schieben Sie den unvermeidlichen Entschluß nicht zu lange vor sich her! Das würde seine Leiden ohnehin nur unnötig (und unzumutbar) verlängern. Der Tierarzt kann zwar versuchen, mit starken Medikamenten die letzten Tage des Tieres etwas zu erleichtern, aber wirklich helfen können nur Sie... Vielleicht tut es Ihnen ja gut, mit Ihren Familienangehörigen zu sprechen oder auch mit Freunden, die schon einmal in der gleichen Situation waren. Keinesfalls hat es Ihr langjähriger vierbeiniger Freund verdient, übermäßig zu leiden.

Und danach?

Diese Frage stellt sich hinsichtlich der letzten Ruhestätte Ihres Hundes, wenn Sie ihn nicht beim Tierarzt lassen wollen, der dazu verpflichtet wäre, ihn zu einer Tierkörperverwertungsstelle zu geben. Im Idealfall haben Sie einen Garten, in dem Sie Ihren Hund begraben können. Hierbei sind jedoch bestimmte Vorschriften zu beachten, über die Sie sich bei Ihrerer zuständigen Gemeinde informieren können. Vielleicht markieren Sie sein Grab mit einem schönen Stein oder einem frisch gepflanzten Baum oder Strauch! Sollten Sie keinen Garten haben, besteht inzwischen auch in einigen Städten in Deutschland die Möglichkeit, die sterblichen Überreste Ihres Hundes verbrennen zu lassen oder ihn auf einem Tierfriedhof zu bestatten. All diese Möglichkeiten sollten Sie offen mit Ihrer Familie und auch mit dem Tierarzt besprechen, der Ihnen bei Bedarf mit entsprechenden Kontaktadressen weiterhilft. Scheuen Sie sich nicht, auch die jeweils anfallenden Kosten zu erfragen; in der Regel ist eine Bestattung auf dem Tierfriedhof eine sehr teure Angelegenheit, und auch die Verbrennung in einem Tierkrematorium kann sehr kostspielig sein.

Wie wär's mit einem neuen Hund?

Die Trauer über den Verlust Ihres geliebten Hundes dauert sicherlich genau so lange wie die Trauer über den Tod eines nahen Angehörigen. Dennoch gibt es einen Unterschied: Niemand kann seinen Großvater ersetzen, aber es ist zweifellos möglich, daß Sie sich einen neuen Yorkshire Terrier ins Haus holen.

Der Verlust eines geliebten Haustiers ist eine traurige Erfahrung.

Meistens ist ein Hund, der im hohen Alter gestorben ist, mit den Jahren allmählich ruhiger und langsamer geworden. Wenn Sie sich nun einen temperamentvollen Welpen aussuchen, wird das Ihr Leben ziemlich auf den Kopf stellen! Oder wäre ein schon erwachsener, vermutlich bereits erzogener Hund von zwei oder drei Jah-

Ihr Yorkie braucht im Alter noch mehr Liebe und Zuwendung als zuvor.

ren mit ausgereifter Persönlichkeit etwas für Sie? Diese Entscheidung sollte wohl überlegt sein. Außerdem: Wollen Sie wieder einen Yorkshire Terrier? Seien Sie sich in diesem Falle darüber klar, daß Sie den neuen keinesfalls ständig mit Ihrem alten Hund vergleichen dürfen – das wäre unfair, denn kein Hund gleicht dem anderen, jeder hat seine eigenen Vorzüge. Oder soll es ein größerer Hund sein? Wie auch immer, tätigen Sie keine Spontankäufe, denn auch mit Ihrem neuen Hund wollen Sie doch viele glückliche Jahre verbringen! Auch wenn gewisse Wartezeiten schwer fallen: Machen Sie es nicht anders als bei der Anschaffung des ersten Hundes. Kaufen Sie keinen Hund aufgrund dubioser Zeitungsanzeigen, oder von Massenzüchtern, selbst wenn hier die Welpen billiger angeboten werden. Sie wissen ja: Die späteren Tierarztkosten übersteigen fast immer den „eingesparten" Betrag. Haben Sie sich für einen Welpen mit anerkannter Ahnentafel einer anderen Rasse entschieden, sollten Sie sich unbedingt an die Welpenvermittlung des zuständigen Rassezuchtvereins im Verband für das Deutsche Hundewesen (VDH) wenden und Kontakt zu seriösen Züchtern aufnehmen; sollten Sie der Meinung sein, daß es nun vielleicht ein Mischling oder auch ein älterer Rassehund ohne Ahnentafel sein sollte, könnte das örtliche Tierheim Ihr Ansprechpartner sein.

Wenn Sie aber Ihre bisherige Rasse so lieben, daß Sie nie wieder einen anderen Hund als einen Yorkshire Terrier haben möchten: Warum fragen Sie nicht den Züchter Ihres ersten Hundes, zu dem Sie im Idealfall ohnehin noch Kontakt haben, wann er den nächsten Wurf erwartet?

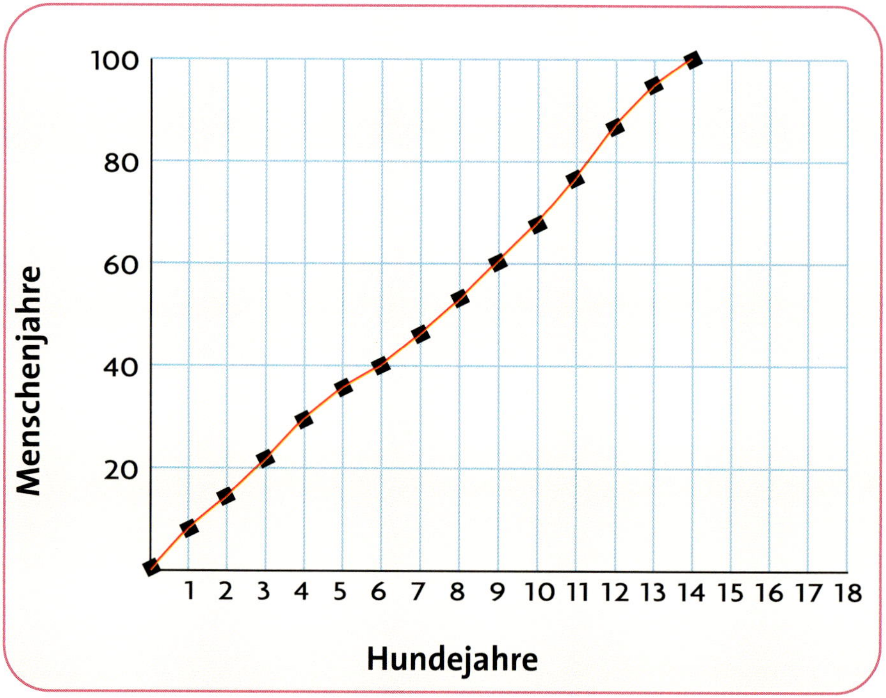

CDS: COGNITIVE DYSFUNCTION SYNDROME

Erkennbarer Verfall der Fähigkeiten „Senilität„

Es gibt verschiedene Möglichkeiten der Erläuterung von „CDS“. Veterinärmediziner bezeichnen mit „CDS” die allmähliche Verschlechterung der Gehirnfunktion – sozusagen der „Denkfähigkeit“ des Hundes. Diese äußert sich zum Beispiel in Verhaltensveränderungen.

Wenn sich die seit Jahren eingespielten Reaktionen eines Hundes plötzlich auffällig verändern (und körperliche Erkrankungen als Ursache hierfür ausgeschlossen wurden), so lautet die Diagnose in der Regel „CDS”.

Über 50 % aller Hunde über acht Jahren leiden in irgendeiner Form an CDS – je älter der Hund ist, desto stärker. Bei alten Menschen werden solche Verhaltensveränderungen aufgrund von CDS oft als Anzeichen nachlassender Spannkraft abgetan.

Es gibt vier deutliche Anzeichen für CDS: Ihr Hund ist häufig unsauber im Haus, er schläft viel mehr oder auch viel weniger als sonst, er ist häufiger verwirrt und reagiert zeitweise nicht mehr auf soziale Anregungen.

SYMPTOME VON CDS

Häufige Unglücke bei der Stubenreinheit:

- Der Hund setzt Urin im Haus ab.
- Er setzt Kot im Haus ab.
- Er signalisiert nicht, daß er in den Garten muß.

Schlafgewohnheiten:

- Er bewegt sich viel langsamer.
- Er schläft viel mehr als normal während des Tages.
- Er schläft nachts weniger.
- Er wandert teilnahmslos und ohne erkennbares Ziel umher.

Verwirrtheit:

- Er geht nach draußen und steht nur da.
- Er erscheint verwirrt und hat einen abwesenden Blick.
- Er versteckt sich immer öfter.
- Er erkennt seine Freunde nicht immer.
- Er kommt nicht, wenn man ihn ruft.

Fehlende Reaktion auf äußere Anregungen:

- Er sucht weniger häufig die menschliche Nähe, gleichgültig, ob er gerufen wurde oder nicht.
- Er will nicht mehr über längere Zeit gestreichelt werden.
- Er läuft nicht mehr zur Tür, wenn Sie nach Hause kommen.

Ein perfekt zurechtgemachter Ausstellungshund.

Ihr Yorkshire Terrier auf Ausstellungen

Vielleicht wächst der Welpe, den Sie sich ausgesucht haben, ja zu einem auch im Vergleich mit dem Rassestandard ansehnlichen Vertreter seiner Rasse heran. Zweifellos ist er ohnehin Ihr ganzer Stolz, und er hat auch schon früh fast alle grundlegenden Kommandos gelernt und weiß sich zu benehmen. Hätten Sie nicht Interesse daran, einmal eine Hundeausstellung zu besuchen und sich anzuschauen, was dort so vor sich geht? Selbst wenn Sie es stets weit von sich gewiesen haben, jemals einen Ausstellungsring zu betreten – ein bißchen träumen dürfen Sie schon!

Das erste, was einem Neuling auf Hundeausstellungen auffällt, ist, daß jeder Hund einer bestimmten Rasse sich im Wettbewerb mit anderen Vertretern seiner Rasse mißt – zunächst in seiner „Klasse" (abhängig von Geschlecht, Alter und bereits erworbenen Auszeichnungen), später vielleicht sogar (als Sieger seiner Klasse) in der Konkurrenz um den besten Hund dieser Rasse. Alle Rassebesten der jeweiligen FCI-Rassegruppe konkurrieren am Ende der Schau um den Gruppensieger, und als Höhepunkt der Ausstellung treten die Sieger der zehn FCI-Gruppen gegeneinander an. Aus diesen ermittelt ein Zuchtrichter den besten Hund der Ausstellung und – auf internationalen Ausstellungen des VDH – auch noch den zweit- und den drittbesten.

Schon nach kurzer Zeit am Ring werden Sie vermutlich merken, daß die Hunde vom Zuchtrichter zunächst nicht miteinander, sondern primär mit dem Standard der betreffenden Rasse verglichen werden. Ein solcher Standard ist – wie an anderer Stelle bereits gesagt – die Beschreibung der Körper- und Wesensmerkmale, die das ideale Exemplar dieser Rasse verkörpern sollte. Ein solcher Idealhund ist

Seriöse Züchter versuchen, dem Ideal des Rassestandards so nahe wie möglich zu kommen.

Aufgepaßt!
Die Fédération Cynologique Internationale (FCI) teilt sämtliche anerkannten Hunderassen nach morphologischen Gesichtspunkten und nach ihrem jeweiligen ursprünglichen Verwendungszweck in zehn Rassegruppen auf.

Das standardgerechte Erscheinungsbild des Yorkies hat nichts mit seiner Qualität als Haus- und Familienhund zu tun. Die Pflege des Nur-Haushundes ist wesentlich weniger aufwendig als die des Show-Yorkies – eine Erleichterung für ALLE Beteiligten.

Sammeln Sie erste Ausstellungserfahrung auf kleinen regionalen Zuchtschauen.

wohl noch nie gezüchtet worden und noch nie in einem Schauring aufgetaucht, er existiert nirgendwo auf der Welt – zum Leidwesen der Züchter, die mit jedem ihrer Welpen unaufhörlich versuchen, dem Idealbild so nahe wie möglich zu kommen. Aber eben nur so nahe wie möglich, denn der „perfekte" Hund ist so imaginär, daß es wohl unmöglich ist ihn zu züchten (und wenn er denn doch irgendwann geboren würde, fänden Züchter und Richter sicherlich auch bei ihm noch ein Haar in der Suppe!).
Sollten Sie echtes Interesse an Hundeausstellungen haben, so ist es am sinn-

Das Gangwerk Ihres Yorkies ist ein wichtiges Kriterium bei der Beurteilung durch den Zuchtrichter.

Auch wenn Ihr Hund nicht gewinnt – die Bewertung durch einen erfahrenen Zuchtrichter kann sehr aufschlußreich für Sie sein.

vollsten, zunächst Mitglied eines Rassezuchtvereins im VDH zu werden, der die Rasse Yorkshire Terrier betreut. Sie erhalten dann regelmäßig dessen Vereinszeitschrift, in der alle Vereinsaktivitäten veröffentlicht sind. Schließen Sie sich dann zusätzlich einer Ortsgruppe dieses Klubs möglichst in Ihrer Nähe an. Hier treffen Sie andere Yorkie-Liebhaber – Züchter, Aussteller oder auch schlichte Besitzer von Yorkshire Terriern –, die Ihnen mit ihrer Erfahrung auch in bezug auf Zuchtschauen (diese Bezeichnung ist viel präziser als das Wort „Ausstellungen", denn auf Zuchtschauen werden die „Zuchtergebnisse" der Züchter gezeigt und vor allem hinsichtlich ihres Zuchtwertes beurteilt) behilflich sind und Ihnen sicherlich gern alle notwendigen Informationen geben. In manchen Ortsgruppen haben Sie und Ihr Hund während der angebotenen Übungsstunden die Möglichkeit, unter fachkundiger Anleitung auch das korrekte Verhalten im Ring zu lernen. Vielleicht kann Ihnen Ihr Züchter einen Tip geben, welche Ortsgruppe für Sie am besten geeignet ist. Viele Gruppen veranstalten eigene Zuchtschauen, die meist in kleinerem, übersichtlicherem Rahmen stattfinden als die großen internationalen VDH-Ausstellungen und deshalb für Sie und Ihren Hund der ideale Anfang Ihrer Ausstellungsaktivitäten sind. Sicherlich ist es darüber hinaus sinnvoll, sich die Zuchtschauordnungen des VDH und Ihres Rassehundeklubs zu beschaffen – ein gründliches Studium gibt Ihnen erste wichtige Informationen, und Sie können Ihren erfahrenen Ortsgruppenkollegen gezielte Fragen stellen.

Ein ausstellungserfahrener, gut trainierter Yorkie bleibt bei Wind und Wetter stehen.

Für fast alle Hundeaussteller sind – zumindest im VDH-Bereich – die VDH-Bundessiegerzuchtschau und die VDH-Europasiegerzuchtschau die zentralen Veranstaltungen des Jahres, da es auf diesen großen internationalen Ausstellungen die Titel „Bundessieger" und „Bundesjugendsieger" bzw. „VDH-Europasieger"/„VDH-Europajugendsieger" zu gewinnen gibt – jeweils nur für den besten Rüden und die beste Hündin der Reifeklassen und der Jugendklassen, unabhängig von der Zahl der konkurrierenden Hunde. Wie alle internationalen Zuchtschauen stehen auch diese beiden Großveranstaltungen Hunden aller Rassen mit FCI-anerkannter Ahnentafel offen, die zudem als Sieger Anwartschaften auf den Titel „Deutscher Champion" (CAC) und „Internationaler Champion" (CACIB erringen können. Ein Hund benötigt zur Zuerkennung des jeweiligen Titels mindestens vier solcher Anwartschaften in mehreren Ländern (CACIB) und – je nach Rassezuchtverein – CACs in verschiedenen Bundesländern und von verschiedenen Zuchtrichtern; dabei muß zwischen der ersten und der letzten Anwartschaft in beiden Fällen ein Zeitraum von mindestens zwölf Monaten liegen. Hieraus ergibt sich, daß es unter Umständen – je nach Konkurrenz in der Rasse – eines nicht unbeträchtlichen Einsatzes von Zeit und Mühen bedarf, bis das Ziel erreicht ist – ganz zu

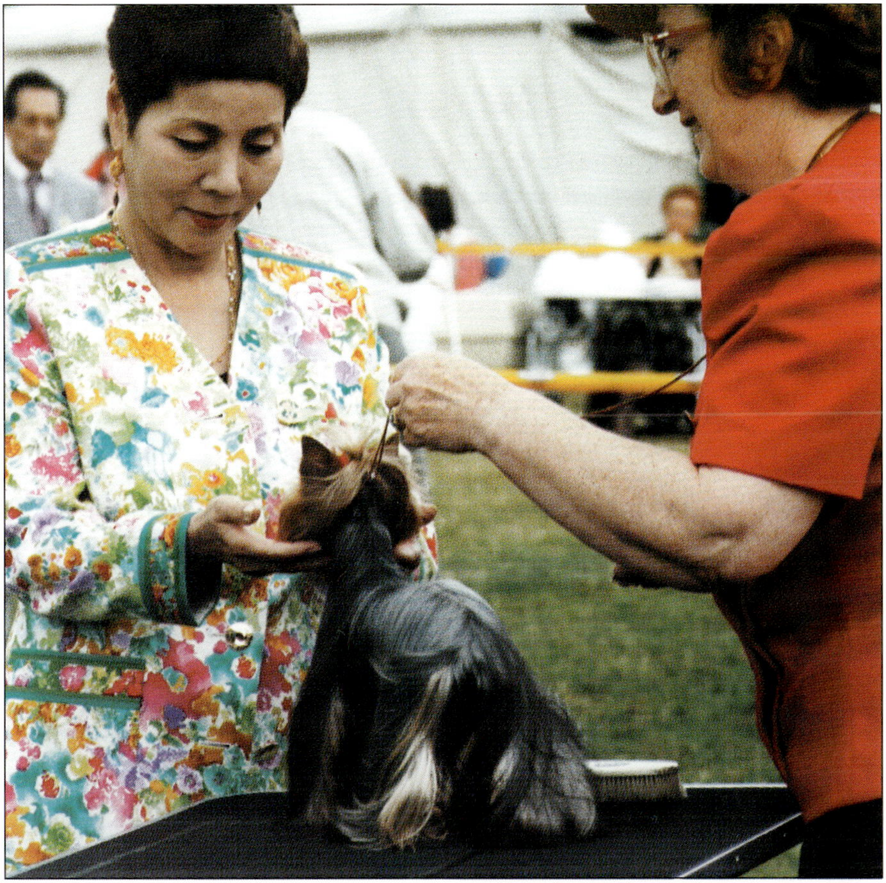

Hundeausstellungen bedeuten Spaß und Erfahrungsaustausch! Sie bringen Kontakte zu vielen netten Hundeenthusiasten.

schweigen von dem finanziellen Aufwand. Von den meisten Rassezuchtvereinen im VDH werden als klubeigene Veranstaltungen sogenannte „Spezialzuchtschauen" angeboten, die meist von einer Ortsgruppe organisiert werden. Auf diesen Ausstellungen, die selbstverständlich auch vom VDH genehmigt werden müssen, werden nur die Anwartschaften für das Nationale Championat (CAC) vergeben, keine CACIBs. Bei den meisten Hundeausstellern erfreuen sich diese Zuchtschauen großer Beliebtheit, da sie in der Regel in überschaubarem Rahmen statt-

Anmeldung zur Hundeshow

Lassen Sie sich zunächst vom betreffenden Zuchtschauleiter ein Ausstellungsprogramm mit Meldeformular schicken. Dann finden Sie heraus, in welcher Klasse Ihr Hund starten muß, und füllen Sie das Formular aus. Legen Sie die fällige Meldegebühr in Form eines Schecks bei, oder überweisen Sie den Betrag auf das genannte Konto. Beachten Sie das Datum des Meldeschlusses! Und lesen Sie sich sorgfältig durch, wozu Sie sich mit Ihrer Unterschrift auf dem Meldeschein verpflichten.

Kleine Hunde wie der Yorkshire Terrier werden auf dem Tisch gerichtet.

finden und eine eher familiäre Atmosphäre bieten. Solche Zuchtschauen sind ideal für Anfänger (für zwei- und auch vierbeinige)!
Ganz gleich, ob Sie und Ihr Hund auf Spezialzuchtschauen oder auf Internationalen Zuchtschauen erste Ausstellungeserfahrungen sammeln wollen: Ganz unvorbereitet sollten Sie sich nicht in den Ring begeben. Bei Ihren Beobachtungen als Zuschauer am Ringrand haben Sie sicherlich bemerkt, daß die Beurteilung des Hundes durch den Zuchtrichter nach einem bestimmten Schema abläuft. Versuchen Sie, sich diese Abläufe zumindest grob einzuprägen (wenn Sie nicht schon ein entsprechendes Ringtraining in Ihrer Ortsgruppe mitgemacht haben), damit Sie beim erstenmal nicht allzu hilflos sind. Vor allem: Haben Sie keine Angst! Diese überträgt sich nämlich auf Ihren Hund, er würde Unsicherheit zeigen, und gerade bei einem Terrier würde dies einen höchst unvorteilhaften Eindruck machen. Also: Ruhe bewahren und so dem Hund die nötige Sicherheit geben, die sich auf seine Ausstrahlung nur positiv auswirken kann.
Bei der Beurteilung Ihres Hundes wird der Richter vermutlich zunächst aus einiger Entfernung, aus verschiedenen Blickwinkeln, einen ersten Eindruck gewinnen wollen. Stellen Sie Ihren Hund dazu möglichst vorteilhaft auf und bringen Sie ihn dazu, ruhig stehen zu bleiben, auch wenn der Richter sich nähert, um das Gebiß, den Ausdruck, das Gebäude, die Muskulatur, die Haarqualität, die Aufmerksamkeit zu überprüfen und ihn dabei natürlich auch anfaßt. In seinen Gedanken vergleicht er seine Erkenntnisse mit den Forderungen

Achten Sie drauf!

Es gibt auch für den Ablauf im Ausstellungsring gewisse Grundregeln. Man lernt diese Regeln am besten durch praktische Erfahrung. Für Sie als Neuling kann die Atmosphäre am Ring ziemlich einschüchternd wirken, vor allem, wenn Sie den Eindruck haben, daß alle anderen zu wissen scheinen, was sie tun müssen – nur Sie nicht. Nehmen Sie deshalb, wenn möglich, an Ringtrainingskursen teil, und lassen Sie sich von erfahrenen Ausstellern Tips geben. Im Ring sollten Sie die Anweisungen des Richters befolgen; es wird ihm sicher nicht verborgen bleiben, daß Sie und Ihr Hund Neulinge sind, und er wird Sie mit zusätzlichen Hinweisen unterstützen. Außerdem: Auch die gewieftesten Hundevorführer haben so klein angefangen wie Sie. Diese Einsicht sollte dazu beitragen, daß auch Sie sich bald im Ring wie ein alter Hase fühlen.

Er hat gewonnen! So strahlen Crufts-Sieger.

des Rassestandards und bildet sich so ein Urteil. Ein überaus wichtiges Kriterium bei dieser Bewertung ist dabei – bei jedem Hund, ganz gleich, wie groß oder wie klein er ist! – die Überprüfung des Gangwerks: Der korrekte Bewegungsablauf läßt Rückschlüsse zu sowohl auf einen gesunden Körperbau als auch auf die Ausdauer des Hundes, kurz gesagt: auf die für ein langes, gesundes Hundeleben unerläßlichen körperlichen Voraussetzungen. Übrigens muß natürlich Ihre eigene Kondition einigen Anforderungen genügen, auch wenn Sie „nur“ einen Yorkshire Terrier führen: Bei heißem Sommerwetter möglichst leicht und locker etliche Runden neben Ihrem Kleinen herzulaufen, um sein flottes Gangwerk möglichst vorteilhaft zur Geltung zu bringen, kann recht anstrengend sein – und es wäre weder für Sie noch für Ihren Hund förderlich, wenn Sie neben ihm schlappmachten ... die Zuschauer hätten allerdings ihren Spaß.
Wenn Sie regelmäßig an Ausstellungen teilnehmen möchten, empfiehlt es sich, entsprechende Fachbücher zu studieren, aus denen Sie wertvolle Hinweise für eine sinnvolle Ausstellungsvorbereitung und das korrekte Verhalten im Ring entnehmen können. Irgendwann wird sich dann auch der erhoffte Erfolg einstellen, und Ihr Hund steht ganz vorn! Wenn Sie allerdings immer wieder in den Richterberichten über Ihren Hund lesen müssen, daß er wohl doch nach Standard kleinere oder vielleicht auch größere Fehler hat, sollten Sie nach einem anderen Betätigungsfeld Ausschau halten, auf dem Sie sich mit ihm tummeln können – oder ihn einfach als das ansehen, was er ohnehin stets für Sie bleibt: als geliebtes Mitglied Ihrer Familie.

Vor der Ausstellung ist gründliches Bürsten angesagt!

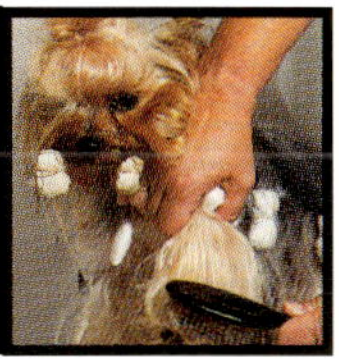

Hundesport
Dieser Begriff im Zusammenhang mit einem so kleinen Hund wie dem Yorkshire Terrier mag manchen von uns etwas weit hergeholt erscheinen. Wie anfangs erwähnt, sind Yorkies heutzutage für ihre

Wußten Sie schon, daß...
es nicht einfach ist, einen Yorkshire Terrier zum Ausstellungs-Champion zu machen? Grundvoraussetzungen sind vor allem ein standardgerechtes, gepflegtes Erscheinungsbild, eine gute Kondition, ein rassetypisches Wesen, ein geschicktes Vorführen und eine gehörige Portion Glück! Yorkshire Terrier sind auf großen Ausstellungen meist mit vertreten trotzdem wird auch hier grundsätzlich jeweils nur eine Anwartschaft auf das Championat für Rüde und Hündin vergeben.

Besitzer vorwiegend Familien- und Begleithunde – obwohl man nicht vergessen darf, daß sie echte Terrier sind. Um vor unliebsamen Überraschungen sicher zu sein, wenn seine Urinstinkte und sein Terriertemperament mit Ihrem Kleinen durchgehen, ist es, wie gesagt, unerläßlich, daß er erzogen und sinnvoll beschäftigt wird. Haben Sie schon einmal daran gedacht, mit ihm eine Ausbildung zum verkehrssicheren Begleithund (BH) zu versuchen? Entsprechende Kurse werden von zahlreichen Ortsgruppen der VDH-Mitgliedsvereine angeboten – sicherlich auch in Ihrer Nähe. Diese Ausbildung ist für Hunde aller Rassen geeignet und außerdem die Voraussetzung für weitergehende Hundesportarten wie z.B. Agility, die für Hund und Herrn ein Riesenspaß und auch von Vierbeinern von der Größe eines Yorkies problemlos zu bewältigen ist.

Die Begleithundprüfung zielt darauf ab, aus Ihrem Hund einen wirklich zuverlässig verkehrssicheren und „umweltsicheren" Begleiter werden zu lassen, den Sie überall hin mitnehmen können, ohne befürchten zu müssen, daß er sich oder andere gefährden könnte – auf welche Art auch immer.

An der Begleithundprüfung darf ein Hund erst teilnehmen, wenn er mindestens zwölf Monate alt ist. Erst dann ist er körperlich einigermaßen ausgereift und vor allem seine Persönlichkeit ist dann schon

Ch.Ozmilion Mystification, vorgeführt von seinem Züchter Osman Sameja, war der erste Yorkshire Terrier, der Best in Show auf Crufts wurde. Er gewann außerdem 50 CCs und wurde 12mal „Bester Hund der Ausstellung".

Ein perfekt präsentierter Champion – eine Augenweide.

Crufts
BEST IN SHOW

gefestigt. Da sämtliche in dieser Prüfung geforderten Fähigkeiten des Hundes auf den Übungen basieren, die Sie schon von seiner Erziehung her kennen, sollten Sie von jedem wesensfesten, instinktsicheren Hund bei entsprechender Vorbereitung problemlos zu bewältigen sein. Über die genauen Anforderungen gibt die Ausbildungs- und Prüfungsordnung des Verbandes für das Deutsche Hundewesen (VDH) Auskunft.

Agility

Agility-Prüfungen wurden erstmals 1977 in Großbritannien veranstaltet und haben sich seitdem schnell auf der ganzen Welt etabliert, ganz besonders in den USA, wo sich Agility enormer Beliebtheit erfreut. Der Hundeführer dirigiert bei diesem Sport seinen Hund so schnell wie möglich durch einen Hindernisparcours mit Sprunghürden und durch Reifen, der Hund muß über schmale Balken balancieren, durch Röhren kriechen, sich zwischen Slalomstangen hindurchschlängeln und vieles mehr. Auch diese Übungen erfordern viel konsequentes, systematisches Training, mit dem man erst beginnen sollte, wenn der Hund mindestens ein Jahr alt ist. Unabdingbare Voraussetzung hierfür ist natürlich eine

Manche Vorführer kämmen ihren Yorkie, bis sie in den Ring müssen.

(gegenüberliegende Seite) Ch.Ozmilion Mystification: Best in Show auf Crufts 1997 und Tophund aller Rassen 1996 – mehr ist kaum zu erreichen.

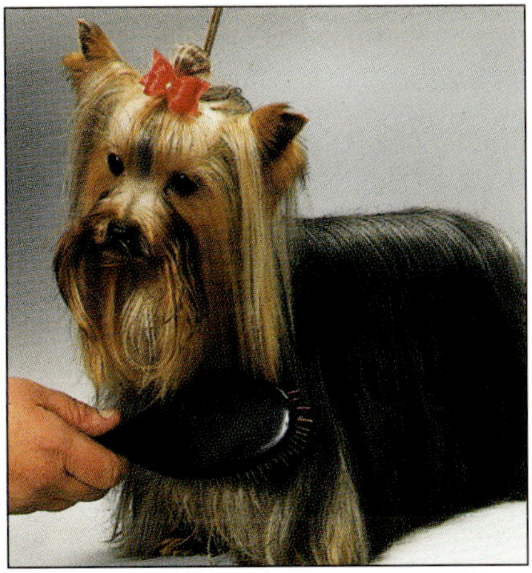

Dieser Yorkie erträgt die Nervosität seines Vorführers schicksals ergeben.

Nützliche Adressen

Fédération Cynologique Internationale
B-6530 Thuin, Belgium, www.fci.be

Verband für das Deutsche Hundewesen e.V.
Westfalendamm 174, 44141 Dortmund,
www.vdh.de

Klub für Terrier v. 1894 e.V. (KfT)
www.kft-online.de

1. Deutscher Yorkshire-Terrier-Club e.V.
www.yorkshire-terrier-club.de

Club für Yorkshire-Terrier e.V.
www.clubfueryorkshireterrier.de

Der Verlag Eugen Ulmer ist nicht verantwortlich für den Inhalt von Links.

MADISON SQUARE GARDEN CENTER
Seventh to Eighth Aves. & 31st to 33rd Streets, New York City
123rd ANNUAL DOG SHOW
THE WESTMINSTER KENNEL CLUB
MONDAY and TUESDAY, FEBRUARY 8 and 9, 1999
EXHIBITOR
NOT VALID UNLESS SIGNED
NOTICE Always, upon leaving this show, if you wish to return the same day, present this Ticket at Exhibitor Entrance and obtain a Return Check. This Ticket without a Return Check or Return Check without this ticket is not good for Admission.

TUES. FEB. 9
№ 2695 2
EXHIBITOR
MADISON SQUARE GARDEN CENTER
123rd ANNUAL DOG SHOW
THE WESTMINSTER KENNEL CLUB

MON. FEB. 8
№ 2695 1
EXHIBITOR
MADISON SQUARE GARDEN CENTER
123rd ANNUAL DOG SHOW
THE WESTMINSTER KENNEL CLUB

BUD LIGHT
BUD LIGHT
RING 5
RING 6
RING 7
WESTMINSTER KENNEL
CLUB DOG SHOW

frühzeitige Gewöhnung des Hundes an alle möglichen und unmöglichen Situationen schon im Junghundalter, also eine artgerechte, umfassende Sozialisierung. Sollten Sie sich für diese vergnügliche Beschäftigung mit Ihrem vierbeinigen Partner interessieren, wenden Sie sich an Ihren Rassezuchtverein im VDH. Dort erhalten Sie alle notwendigen Informationen.

Ein zukünftiger Champion? Oder ein Agility-Crack? Wer weiß?

Wußten Sie schon, daß...
mancher Hund genauso zu lachen scheint wie sein Besitzer? Bei dessen Begrüßung freut er sich so sehr, daß er seine Lefzen hochzieht und so bei geschlossenem Mund seine Zähne zeigt. Oft rollt er sich dabei auf den Rücken, um sanft am Bauch gekrault zu werden. Anderen Hunden oder Katzen gegenüber ist dieses „Lächeln" übrigens nicht beobachtet worden!

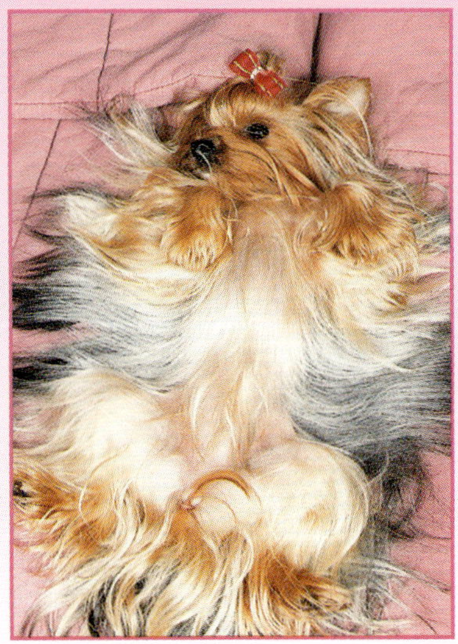

Nach der Ausstellung darf sich auch ein Champion räkeln und ausruhen!

Die Fèdèration Cynologique Internationale (FCI)

Die Fédération Cynologique Internationale wurde 1911 in Paris von den kynologischen Verbänden Belgiens, Deutschlands, Frankreichs, Hollands und Österreichs gegründet und ist heute der internationale Dachverband für 43 föderierte, 24 assoziierte und 7 nationale Dachverbände, mit denen ein Partnerschaftsvertrag abgeschlossen wurde (Stand 1998). Der Sitz der FCI befindet sich in Thuin / Belgien. Die FCI widmet sich verschiedenen Aufgaben: Sie

Ein Internationaler Champion – er ist sich seiner Schönheit bewußt.

regelt das internationale Zuchtrecht, sie sichert die Standardhoheit des Mutterlandes einer Rasse, sie ist für die Anerkennung neuer Rassen zuständig und sie regelt das Ausstellungs- und das Richterwesen. Zu den wichtigen Titelschauen der FCI werden Hund aus ganz Europa und inzwischen auch aus den USA gemeldet. Strenge Quarantänebestimmungen in England, Irland und Australien erschweren derzeit die Teilnahme von Hunden aus diesen Ländern noch erheblich.

Verstehen Sie Ihren Hund?

Sie haben einen Yorkshire Terrier ausgewählt, weil Sie sich und Ihren Lieben einen Begleiter, einen Beschützer, einen Freund und ein Familienmitglied mit vier Beinen gewünscht haben. Sie investieren Zeit, Mühe und auch Geld, um für diese Neuerwerbung zu sorgen und sie zu erziehen. Natürlich benimmt und verhält sich dieser auserwählte Hund vorbildlich – nun ja, eben so, wie es für einen Hund vorbildlich ist. Damit Sie dieses Hundetypische Verhalten einordnen und verstehen können, nachfolgend einige wichtige Ausführungen.

Denken Sie wie ein Hund!

Hunde „denken" nicht wie Menschen, und Menschen können nicht wie Hunde denken, auch wenn sie es versuchen.

Achten Sie drauf!
Hunde zeigen uns ihre Zuneigung indem Sie uns belecken. Dies kann sehr unhygienisch sein, da Hunde während der täglichen Spaziergänge überall schnüffeln. Achten Sie darauf, daß sich Ihre Kinder nach jedem solchen Kontakt mit dem Hund gründlich die Hände waschen. Auf die Nase sollten Sie Ihren Hund aus Hygienegründen niemals küssen.

Unglücklicherweise ist ein Hund auch nicht dazu in der Lage, herauszufinden, wie ein Mensch denkt – also ist es Sache des Hundebesitzers, Hundeverstand zu entwickeln. Hunde können Dinge nicht rational erklären, sie leben ausschließlich im jeweiligen Moment. Viele Hundebesitzer machen bei der Erziehung des Hundes den Fehler, ihn für irgend etwas auszuschimpfen, was er schon vor einiger Zeit getan hat. Im Grunde genommen kann man einen Hund aber nicht einmal für das Strafen, was er nur 20 Sekunden vorher angerichtet hat! Entweder Sie erwischen ihn in genau dem Moment, in dem er sich daneben benimmt – oder Sie schlucken Ihren Ärger hinunter. Es bringt weder Ihnen noch ihm etwas, wenn Sie ihn später strafen – er würde sich nämlich nur für das bestraft fühlen, was er genau im Moment der Bestrafung macht.
Die in den nachfolgenden Abschnitten genannten Verhaltensprobleme stehen

(gegenüberliegende Seite) Dicke Freunde!

Wann kommt Herrchen endlich nach Hause?

Wußten Sie schon, daß...
ängstliches Verhalten bei einem ausgewachsenen Hund oft die Folge falscher oder mangelnder Sozialisierung im Welpenalter ist? Manchmal haben sich dem Hund auch schlechte Erfahrungen während des Wachstums unauslöschlich eingeprägt. ‚Schlechte Erfahrungen' sind durchaus relativ zu sehen – manche Begebenheit, an die Sie selbst keinen Gedanken verschwenden, kann bei einem Welpen einen dauerhaften negativen Eindruck hinterlassen. Wenn der Hund dann später eine ähnliche Situation erlebt, versucht er in seiner Angst vielleicht durch einen sofortigen Angriff, sich selbst zu schützen. Nochmals: Ein solches Verhalten ist völlig unberechenbar, vor allem, wenn Sie nicht wissen, was seine Angst auslöst

stellvertetend für viele, mit denen Hundebesitzer häufig konfrontiert werden. Jeder Hund ist anders, und auch keine Situation gleicht einer anderen. Außerdem wird kein Buchautor ernsthaft behaupten wollen, daß die Probleme, die im Zusammenleben mit einem Hund auftauchen könnten, einfach durch das Lesen eines Buches zu lösen wären. Wir wollen allerdings im folgenden versuchen, die gängigsten Hundeverhaltensweisen (also die „Sprache" des Hundes) zu erläutern, um so die Chancen der Yorkie-Besitzer zu erhöhen, mit eventuellen Verhaltensauffälligkeiten ihres Hundes umgehen zu können. Zudem kann es in besonders schwierigen Fällen nützlich sein, diese Verhaltensprobleme mit dem Tierarzt zu besprechen– vielleicht kann er Ihnen sogar einen Fachmann nennen, der Ihnen weiterhilft. Da Verhaltensprobleme die häufigste Ursache dafür sind, daß Hunde vernachlässigt, ins Tierheim abgeschoben oder gar mißhandelt werden, hoffen wir sehr, daß Sie nichts unversucht lassen, die Probleme – falls sie auftreten – in den Griff zu bekommen. Geduld und Verständnis sind die Begriffe, die in jeder tierlieben Familie eine Schlüsselstellung haben sollten.

Aggressivität

Aggressivität ist ein sehr schweres Problem bei Hunden – und nicht nur bei großen! –, denn sie bedeutet für das gesamte Umfeld eine ernstzunehmende Gefahr. Bei einem aggressiven Hund besteht permanent die Gefahr, daß er sich ohne Vorwarnung auf einen Menschen oder einen Artgenossen stürzt und ihn beißt. Selbstverständlich können solche aggressiven Verhaltensweisen auch bei einem Yorkshire Terrier keinesfalls geduldet oder gar als amüsante „Unarten" des Hundes abgetan werden; sie sind eine unzumutbare Bedrohung der Umgebung. Es ist zweifellos sehr schmerzlich für eine Familie, mitansehen zu müssen, wie das Verhalten ihres Hundes immer unberechenbarer wird bis hinzu dem Punkt, wo sie selbst Angst vor ihm haben müssen. Auch wenn nicht jedes aggressive Verhalten unmittelbar gefährlich ist: Das Knurren und Zähnefletschen des Hundes wirkt sicherlich zumindest furchterregend.
Wollen Sie das Übel an der Wurzel packen, müssen Sie sich darüber klar werden, warum sich Ihr Hund solchermaßen verhält. Aggressivität kann auch eine Folge ausgeprägten Dominanzverhaltens sein – kein Hund sollte aber in seinem Familienrudel das dominante Leittier sein!
Wie verhalten Sie sich nun richtig, wenn Sie einem aggressiven Hund gegenüberstehen? Versuchen Sie, alles zu vermeiden, was ihn reizen könnte – das würde mit Sicherheit einen Angriff provozieren. Beobachten Sie seine Körper-

sprache: Hält er Augenkontakt mit Ihnen, starrt er Sie an? Versucht er, sich so groß wie möglich zu machen, indem er sine Ohren und seine Rute aufrichtet und die Brust imponierend vorstreckt? Größe und Höhe bedeuten in einem Hunderudel nämlich Autorität – größer zu sein als ein anderer Hund, buchstäblich über ihm zu stehen, zeigt auch einen höheren Rang im Sozialgefüge des Rudels an. Diese Haltung signalisiert Ihnen, daß Ihr Hund sich Ihnen überlegen fühlt, und dagegen müssen Sie etwas tun, sonst wird er unberechenbar. Sie können nicht voraussagen, wann er angreift, und was er im nächsten Moment zu tun gedenkt. Und vor allem Ihre Kinder werden nicht verstehen, warum ihr liebevoller Spielkamerad von einem Augenblick zum anderen zu knurren beginnt und vielleicht sogar zuschnappt.

Ein gut sozialisierter Welpe wird selten Probleme mit Artgenossen haben.

Aufgepaßt!

Ein Yorkshire Terrier darf sich als geborener Meutehund eigentlich gegenüber Artgenossen nicht aggressiv verhalten. Dies wäre definitiv rasseuntypisch; im allgemeinen liebt er die Gesellschaft anderer (freundlicher) Hunde. Zudem ist er schon aufgrund seiner „Größe" den meisten anderen Hunden unterlegen – was ihn aber im Zweifel nicht abschreckt, da Hunde nun einmal nicht wissen, wie groß sie sind. Oft ist Aggressivität die Folge fehlender Sozialisierung mit anderen Hunden im Welpenalter oder auch von nicht artgerechter Haltung als verwöhnter Einzelhund...

Ist es erst so weit gekommen, sollten Sie sicherheitshalber einen Fachmann für Hundeverhalten zu Rate ziehen. Vielleicht gelingt es Ihnen mit seiner Hilfe, die Ursache für das aggressive Verhalten Ihres Yorkies herauszufinden und erfolgversprechende Gegenmaßnahmen zu ergreifen. Einem aggressiven Hund ist nicht zu trauen, und das macht ihn als Familienhund unhaltbar. Schaffen Sie es auch mit fachkundiger Hilfe nicht, sein Verhalten in die richtigen Bahnen zu lenken, sollten Sie sich mit dem Gedanken vertraut machen, daß es für den Hund das Beste ist, ihn einschläfern zu lassen – so hart das klingt! –, denn in Ihrer Familie kann er nun einmal nicht bleiben, und wohin wollen Sie einen aggressiven Hund abgeben? Sein Schicksal wäre ungewiß!

Aggression gegenüber Artgenossen

In den meisten Fällen ist aggressives Verhalten eines Hundes gegenüber Artgenossen das Ergebnis mangelnder Kontakte zu anderen Hunden im frühen

Achten Sie drauf!

Hunde lernen einander kennen, indem sie sich gegenseitig am Hinterteil beschnüffeln. Es scheint, daß jeder Hund seinen eigenen, kennzeichnenden Geruch hat. Dieser Duft verrät auch sein Geschlecht und signalisiert dem Rüden, wann die läufige Hündin sich seinen Annäherungsversuchen nicht abgeneigt zeigt. Viele Hunde stecken mit ihren unverwechselbaren Duftmarken ihr Terrain ab.

Alter. Machen andere Hunde Ihren Hund nervös und aufgeregt – weil er deren Gegenwart nicht gewöhnt ist – geht er möglicherweise auf sie los, um sich und seine „Privatsphäre" zu schützen. Ein Hund, der nie die Chance gehabt hat, im Rudel normales Hundeverhalten zu lernen, glaubt vermutlich, er sei der einzige Hund weit und breit. Das kann andererseits auch dazu führen, daß er sich so dominant fühlt (und maßlos überschätzt), daß er nicht die leisesten Anzeichen von Angst oder Drohgebärden zeigt. Ohne Knurren oder andere körperliche Warnsignale stürzt er sich auf den vermeintlichen Rivalen und versucht, ihn zu beißen.

Gehört Ihr Hund zu dieser Kategorie, müssen Sie versuchen, ihn irgendwie an andere Hunde zu gewöhnen. Lassen Sie ihn beim Spaziergang angeleint unter sorgfältigster Beobachtung zu anderen Hunden und ziehen Sie ihn beim geringsten Anzeichen von Unfreundlichkeit zurück. Schimpfen Sie ihn gehörig aus! Loben Sie ihn jedoch überschwenglich, wenn er den fremden Hund ignoriert oder gar akzeptiert. Halten Sie dies durch, bis er sein aggressives Benehmen abgelegt und gelernt hat, daß andere Hunde zu tolerieren sind. Und loben Sie ihn auch dann noch über den grünen Klee, wenn er sich richtig verhält!

Dominante Aggression

In einem wildlebenden Hunderudel gibt es eine festgefügte hierarchische Struktur, in der jeder Hund einerseits die rangmäßig unter ihm stehenden Artgenossen beherrschen, andererseits den übergeordneten gefallen will. Hunde wissen instinktiv, daß es einen Leithund geben muß. Wenn Sie Ihrem Kleinen nicht klar zu verstehen geben, daß in Ihrem Rudel Sie das Leittier sind, beansprucht er unweigerlich diesen Thron selbst! Mit solchen angeborenen Machtbestrebungen sieht sich fast jeder Hundebe-

Wer ist hier der Boss? Auch ein Yorkie muß konsequent erzogen werden – sonst erzieht er Sie!

sitzer zunächst konfrontiert, wenn er sich an die Erziehung seines Hundes gibt. Indem Sie Ihrem Hund beispielsweise beibringen, bestimmte Kommandos zu befolgen, untermauern Sie faktisch, daß Sie der Anführer Ihrer kleinen Meute sind und daß Ihr Hund seinem Führer zu dienen hat – und zwar gern. So unterdrücken Sie im Keim seinen eigenen Drang zu dominieren; Sie bestimmen sein Verhalten und leiten ihn zum Gehorsam an. Ein wichtiger Faktor in diesem Training ist, ihm wirklich bei jeder möglichen Gelegenheit in netter Form zu zeigen, wer der Herr im Haus ist. Schon durch die einfache Anordnung „Sitz!“, damit er ruhig abwartet, bis das Futter fertig ist, statt wild an Ihnen hochzuspringen und sich das Futter mit Gewalt zu holen, zeigt ihm, daß Sie bestimmen, wann gefressen wird, und daß er von Ihnen abhängig ist. Überhaupt sollten Sie ihm nicht jedesmal nachgeben, wenn er Ihnen durch Jaulen oder schmachtende Blicke zu verstehen gibt, daß er etwas will – auch wenn's schwerfällt! All dies trägt dazu bei ihm immer wieder deutlich zu machen, daß sein Rang im Familienrudel ziemlich weit unten ist. Dies soll beileibe nicht heißen, daß Sie ihn mit Brutalität oder Grausamkeit gefügig machen dürfen! Behandeln Sie ihn liebevoll und achtsam, denn Sie haben sich ja (hoffentlich) nicht deshalb einen Hund zugelegt, um jemanden unterdrücken zu können!? Hundeerziehung darf kei-

Lassen Sie Ihren Hund nie ohne Aufsicht im Garten, wenn Sie einen Swimmingpool haben, den er nicht ohne Hilfe wieder verlassen kann!

Wußten Sie schon, daß...
ein Hund, der beißt, in dem guten Glauben handelt, er habe einen Grund dazu? Viele Hunde vor allem großer Rassen sind zum Personenschutz abgerichtet oder dazu ausgebildet, ein Gelände oder Gegenstände zu bewachen. Sobald die Person, das Grundstück oder der Gegenstand attackiert werden, startet der Hund seinen Angriff mit den Zähnen – eine andere Möglichkeit hat er ja nicht. Ein normaler Hund setzt jedoch kaum ausschließlich seine Zähne zu seiner Verteidigung ein; er läuft, wenn möglich davon oder legt sich andernfalls flach auf den Boden. Wenn ein Hund grundlos beißt, wenn er sogar die Hand beißt, die ihn füttert oder wenn er nach seinen Familienangehörigen schnappt, ist es höchste Zeit, mit dem Tierarzt – der Ihren Hund ja schon lange kennt – zu besprechen, ob eine Verhaltenstherapie sinnvoll ist, oder ob zum Schutz der Familie nur noch das Einschläfern des Hundes übrigbleibt.
Dies alles gilt für kleine Hunde ebenso wie für große.

Wußten Sie schon, daß...
Strafen selten zu langfristigem Erfolg führen, wenn ein Hund sich schlecht benimmt. Fast immer sind Hunde mit schlechten Angewohnheiten nicht gut erzogen worden und wissen deshalb gar nicht, was von ihnen erwartet wird. Ihre Disziplinierungsmaßnahmen richten deshalb mehr Schaden an, als sie nützen.

nesfalls als Mittel zum Zweck der Steigerung des Selbstwertgefühls oder zum Ausleben sadistischer Neigungen mißbraucht werden; sie dient ausschließlich dazu, das Verhalten des Hundes mit viel Einfühlungsvermögen in die richtigen Bahnen zu lenken, damit er freudig nach den von Ihnen festgelegten Regeln lebt. Theoretisch klingt es sehr einfach: Wenn Sie ihn bei einem erwünschten Verhalten erwischen, belohnen Sie ihn sofort. Aber schon durch das Einbringen eines weiteren Hundes in diese Gleichung wird die Lösung etwas schwieriger. Dennoch: Als Faustregel gilt: Positive Bestärkung wirkt am besten.

Bei einem sehr dominanten Hund können Bestrafung und Unterdrückung das Gegenteil dessen bewirken, was sie eigentlich bezwecken sollen. Er könnte mit Angst und/oder Aggressivität reagieren, wenn er das Gefühl hat, in die Enge getrieben zu sein. Wie gesagt: Ein dominanter Hund sieht sich selbst auf der obersten Stufe der sozialen Rangordnung, und diesen Platz gibt er vermutlich nicht kampflos auf. Der beste Weg, dies zu vermeiden, ist, ihm niemals Anlaß zu geben, sich für den Leithund zu halten. Wenn Sie trotzdem Probleme haben und wenn er ständig Ihre Autorität anzuzweifeln scheint, sollten Sie die Hilfe eines erfahrenen Hundeausbilders in Anspruch nehmen. Er wird Sie zusammen mit Ihrem Hund schulen und Ihnen erfolgversprechende Übungen beibringen, die Sie auch zu Hause anwenden können. Hüten Sie sich aber vor Ausbildern, die ihr Ziel ausschließlich mit Härte erreichen wollen: Bestrafung ist zwar hier und da notwendig, aber das Hauptaugenmerk bei der Hundeerziehung muß auf Lob und positive Bestätigung bzw. Verstärkung gerichtet sein.

Wenn Sie den Auslöser der Angst Ihres Hundes erst einmal kennen, können Sie ihm helfen, damit fertig zu werden.

Beobachten Sie das Verhalten Ihres Yorkies sowohl gegenüber Menschen als auch gegenüber Artgenossen genau und loben Sie ihn überschwenglich, wenn er sich richtig verhält. Bei den geringsten Anzeichen von Aggression schimpfen Sie ihn aus und führen ihn weg. Verhindern Sie, daß sich fremde Menschen sich ihm nähern und ihn anfassen, ohne vorher um Erlaubnis gefragt zu haben. Lassen Sie ihn in jedem Fall zunächst „Sitz" machen, bevor er gestreichelt wird, und loben Sie ihn, wenn er sich gut benimmt. So arbeiten Sie fast nur mit Lob und Belohnung. Indem Sie sanft und ruhig mit ihm umgehen und bei seinen Kontakten mit Anderen auf ihn achten, zeigen Sie ihm, daß kein Grund für Angst oder Abwehrverhalten besteht.

Wußten Sie schon, daß...
jeder Hund instinktiv der Anführer seines Rudels werden will? Diese Hackordnung liegt ihm sozusagen im Blut. Deshalb ist es so wichtig, daß Sie Ihren Hund überzeugen, daß SIE der Boss sind. Mit einem Hund in „demokratischem" Verhältnis zusammenzuleben, ist so gut wie unmöglich. Sie müssen der absolute Herrscher – manchmal sogar ein Diktator – sein.

Wußten Sie schon, daß...
man einem Hund beibringen kann, sein Gebell in angemessenen Grenzen zu halten? Hier ist das Wörtchen „Ruhig!“ hilfreich. Wenn jemand an der Haustür ist und Ihr Hund bellt einige Male, loben Sie ihn. Sprechen Sie beruhigend mit ihm. Wenn er dann aufgehört hat zu bellen, sagen Sie „Ruhig!“ und loben ihn wieder. Auf diese Weise lassen Sie ihn seine Warnung „aussprechen“ (wie es ihm seine angeborenen Instinkte gebieten) und belohnen ihn, wenn er nach einigen Bellauten ruhig ist. Belohnen Sie ihn anfangs zusätzlich mit einem Leckerchen, wenn er einige Minuten lang ruhig geblieben ist.

Sexualverhalten

Hunde zeigen bestimmte geschlechtsabhängige Verhaltensweisen; vielleicht haben diese ja seinerzeit sogar Ihre Entscheidung für einen Rüden oder eine Hündin beeinflußt. Diese Verhaltensmerkmale verschwinden natürlich mit der Kastration eines Hundes – zumindest größtenteils. Wennn Sie sich aber dazu entschlossen haben, mit Ihrem Hund zu züchten oder ihn aus anderen Gründen nicht kastrieren lassen wollen, müssen Sie wissen, womit Sie das ganze Hundeleben lang konfrontiert werden. Hündinnen haben gewöhnlich zwei Läufigkeiten im Jahr, die jeweils ca. 3 Wochen andauern. Nur während dieser Zeit wird sich eine Hündin decken lassen, und zwar gewöhnlich nicht vor der zweiten Woche oder sogar noch später. Wenn eine Hündin nicht gedeckt worden ist, kommt es nicht selten zu einer Scheinträchtigkeit, in der die Milchdrüsen anschwellen und sie anfängt, Spielzeuge oder andere Dinge zu bemuttern.
Besitzer von Rüden müssen sich darüber klar sein, daß deren dem Deckakt nachempfundenes „Aufreiten“ nicht nur Zeichen des Sexualtriebs ist, sondern auch ausgesprochenes Dominanzverhalten ausdrückt. Mit Konsequenz und Beharrlichkeit gelingt es jedoch meist, Rüden von solchen Aktionen abzubringen.

Kaudrang

Die liebste Freizeitbeschäftigung aller Hunde ist das Kauen! Jeder Hund gräbt mit Begeisterung seine Zähne in einen schmackhaften Knochen – weniger angenehm ist die Angelegenheit aber, wenn dieser Knochen sich noch an der Hand des Hundebesitzers befindet. Hunde müssen kauen; das hilft ihnen bei der Massage des Zahnfleisches, beim Umzahnen und bei der Kräftigung der Kiefermuskulatur; es ist ein tief verwurzelter, natürlicher Instinkt. Unsere Aufgabe als Hundebesitzer besteht keinesfalls darin, diesen Kaudrang zu unterdrücken, sondern ihn auf geeignete Kauobjekte zu dirigieren. Informieren Sie sich gründlich und erwerben Sie für Ihren Yorkshire Terrier geeignete Kau-

Achten Sie drauf!
Beobachten Sie Ihren Hund sorgfältig, wenn er jeden Fremden anbellt oder anknurrt und wenn er knurrt, sobald sich jemand seinem Futternapf oder seinem Spielzeug oder auch seinem Schlafplatz nähert. Zeigen Sie ihm freundlich, aber bestimmt, daß er sich zurückzuhalten hat – sonst wird früher oder später irgendeine Person gebissen!

Versorgen Sie Ihren Welpen regelmäßig mit Yorkie-geeignetem Kauspielzeug.

spielzeuge, etwa robuste Kauknochen für kleine Hunde. Seien Sie sehr wählerisch und kaufen Sie nur sichere, haltbare Gegenstände, von denen Ihr Hund nichts abbeißen und verschlucken kann – seine Sicherheit hat höchste Priorität.
Es liegt auch ausschließlich in Ihrer Verantwortung, Ihr Haus „hundesicher“ zu machen. Hier gilt: Vorbeugen ist besser als Heilen. Stellen Sie also Ihre Schuhe, Ihre Handtasche und alle anderen „leckeren“ Gegenstände an geeignete Plätze außerhalb der Reichweite der forschenden Hundeschnauze. Zeigen Sie Ihrem Welpen sein Kauspielzeug, sobald Sie sehen, daß er sich an Ihrem Mobiliar oder an anderen verbotenen Gegenständen versucht. Mit einem lauten „Nein!“ ziehen Sie seine Aufmerksamkeit auf sich, und dann bringen Sie ihn sofort zu seinem Kauspielzeug. Sorgen Sie dafür, daß er sich mindestens 4 Minuten damit beschäftigt, während Sie ihn ununterbrochen loben und ermutigen. Einige Fachleute für Hundeerziehung empfehlen die Anwendung von abschreckenden Hilfsmitteln wie Pfeffer oder bitteren Gewürzen oder auch von speziell für diesen Zweck produzierten Substanzen, die im Zoofachhandel erhältlich sind, um dem Hund das Benagen verbotener Gegenstände zu verleiden. Manchmal wirken diese Mittel jedoch längst nicht so sicher, wie es die Hersteller versprechen. Wollen Sie zu einer solchen Methode greifen, können Sie vielleicht die Präparate im Zoogeschäft an Ihrem eigenen Hund testen sonst sind Sie Ihr Geld los, ohne einen Nutzen davon zu haben.

Wußten Sie schon, daß...

Sie selbst nicht schreien, rufen, umherspringen oder rennen sollten, wenn Sie wollen, daß Ihr Hund ruhig bleibt? Das Beispiel, das Sie ihm geben, hilft in den meisten Fällen, ihn zu einem erwünschten Verhalten zu bewegen. Beobachten Sie stets genau die Reaktion Ihres Hundes auf Ihr Verhalten – und verhalten Sie sich entsprechend!

Wußten Sie schon?

Ihr Hund will Sie beschützen wenn er bellt? Wenn er einen Spaziergänger, der am Gartenzaun entlanggeht, oder ein vorbeifahrendes Auto oder eine flüchtende Katze anbellt, demonstriert er seine Verantwortung für den Schutz seiner Meute (SIE!) und seines Territoriums vor möglichen Eindringlingen. Weil der vermeintliche „Eindringling“ natürlich fast immer vorbei- (also weg-) geht, glaubt der Hund, daß sein Bellen zum Erfolg geführt hat. Besonders lautfreudige Hunde könnten sich dadurch zu übertriebenem Gebell ermutigt fühlen!

Anspringen
Eigentlich ist das Anspringen für Ihren Hund die freundlichste Form der Begrüßung. Einige Hundebesitzer stört es auch nicht, von ihrem vierbeinigen Hund angesprungen zu werden. Das ist in Ordnung. Zum Problem wird dieses Verhalten erst dann, wenn Gäste kommen, die der Hund auf die gleiche umwerfende Art begrüßt – ob sie wollen oder nicht!

Wie lange die Puppe den beiden wohl standhält?

Wußten Sie schon, daß...
Hunde, die öfter für längere Zeit alleingelassen werden, besonders heftig und überschwenglich reagieren, wenn ihr Besitzer zurückkommt? Sie rennen, springen, zerren ihr Spielzeug herbei oder erbrechen vor Aufregung ihr Futter. Wenn Ihr Hund sich so verhält, lassen Sie ihn erst zur Ruhe kommen, bevor Sie ihn begrüßen – sonst wird er Ihre Aufmerksamkeit als Erfolg seines Tobens ansehen und sich immer so verhalten.

Wie freundlich diese Begrüßung auch gemeint ist – die Chancen stehen gut, daß Ihre Gäste nicht begeistert sind, von den spitzen Krallen Ihres Yorkies die Strümpfe zerrissen zu bekommen oder seinen Pfotenabdruck auf der hellen Anzughose wiederzufinden. Natürlich kann der Hund nicht unterscheiden, wen er anspringen darf und wen nicht – deshalb ist es in der Regel das Beste, dieses Verhalten grundsätzlich zu unterbinden. Überlegen Sie sich ein geeignetes Kommando – z.B. „Laß das!" – und verwenden Sie es immer dann, wenn er Anstalten macht, Sie anzuspringen. Bringen Sie ihn dazu, alle vier Pfoten zurück auf den Boden zu stellen, und lassen Sie ihn „Sitz" machen; dabei loben Sie ihn ununterbrochen. Überschütten Sie ihn mit Lob und Streicheleinheiten, wenn er sitzt. Dann hocken Sie sich zu Ihrem Kleinen nieder und begrüßen ihn herzlich und liebevoll und zeigen ihm so, daß Sie sich mindestens ebenso freuen wie er.

Buddeln

Für Hunde ist das Buddeln (Graben) in der Erde eine ganz natürliche Verhaltensweise, auch wenn es manchen Menschen als destruktives Verhalten erscheint.
Da Ihr Yorkie als Mitglied der Terrierfamilie zu den ausgesprochenen „Erdhunden" gehört, ist seine Grabeleidenschaft manchmal nicht zu unterdrücken und kann für Sie als stolzen Gartenbesitzer ziemlich frustrierend sein.
Wenn Ihr Hund im Garten buddelt, lebt er ganz normal einen angeborenen, natürlichen Instinkt aus. In der Wildnis bestünden die Aktivitäten eines Hunde in der Futtersuche, im Höhlenbau und vielem mehr. Er würde seine Pfoten höchst zweckmäßig einsetzen, nämlich für sein Überleben. All dies haben Sie ihm abgenommen: Sie sorgen für sein Futter und für seine Unterbringung, er muß seine Pfoten also hierfür nicht mehr gebrauchen. Deshalb muß er seine Energie anderweitig verbrauchen – und die äußert sich in kleinen Löchern überall im Rasen und auf den Blumenbeeten.

Wußten Sie schon, daß...
die Zahl der Hunde, die unter Trennungsängsten leiden, immer mehr steigt? Immer mehr Hunde werden von Leuten angeschafft, die halbtags oder sogar ganztags berufstätig sind. Leider ist Trennungsangst ziemlich schwer zu diagnostizieren, weil sie naturgemäß nur dann auftritt, wenn der Hund allein ist. Jedenfalls muß man dieses Problem im Auge behalten, damit betroffenen Hunden geholfen werden kann.
Ein Hund ist nun einmal ein Rudeltier, dies muß schon vor der Anschaffung klar sein.

Vielleicht gräbt Ihr Hund ja aus Langeweile – so wie Sie vor dem Fernseher eine ganze Tüte Chips oder Erdnüsse vertilgen, weil Sie gerade nichts Besseres zu tun haben! Schaffen Sie Abhilfe, in dem Sie viel mit dem Hund spielen und ihm genügend Auslauf verschaffen, damit sowohl sein Kopf als auch seine Pfoten beschäftigt sind und er das Gefühl hat, etwas Sinnvolles zu tun.
Natürlich kann auch das Graben am besten unterbunden werden, wenn man so früh wie möglich einschreitet. Es ist jedoch gar nicht so einfach, den Hund auf frischer Tat zu ertappen, besonders wenn er längere Zeit allein im Garten ist. Wenn Ihr Hund schon fast zwanghaft gräbt und sich durch andere Beschäftigungen kaum ablenken läßt, sollten Sie vielleicht ein Stück Ihres Grund und Bodens abteilen, in dem er nach Herzenslust graben kann. Wenn Sie ihn dann beim Graben in einem verbotenen Bereich erwischen, bringen Sie ihn sofort zu seiner Grabezone und loben Sie ihn, wenn er sich dort betätigt. Haben Sie ein wachsames Auge auf ihn, damit Sie ihn ertappen können – das ist nun einmal der einzige Weg, ihm begreiflich zu machen, was erlaubt ist und was nicht. Wenn Sie ihn zu einem Loch im Tulpenbeet bringen, das er vor einer Stunde gegraben hat, und „Nein!" zu ihm sagen, heißt das für ihn nur, daß Sie weder Löcher noch Schmutz noch Tulpen mögen. Was soll's also? Nur wenn Sie ihn in dem Moment erwischen, wenn er knietief in der Erde des Tulpenbeets steht, kommt Ihre Botschaft bei ihm an.

Bellen

Hunde können nicht sprechen – was würden Sie uns wohl alles zu sagen haben, wenn Sie es könnten? Dafür versuchen Sie uns durch Bellen zu verstehen zu geben, was sie möchten. Und das ist nicht immer leicht! Ist unser Hund nun aufgeregt, glücklich, verängstigt, ärgerlich? Was immer er uns auch zu sagen hat: Sie sollten ihn nicht für sein Bellen bestrafen. Nur wenn das Bellen ausufert und letztlich zur schlechten Angewohnheit wird, muß dieses Verhalten geändert werden.
Wenn beispielsweise ein Einbrecher mitten in der Nacht in Ihr Haus eindringen würde, und Ihr Hund würde ihn durch sein Gebell verscheuchen – wäre das nicht ein Grund zur Freude? Er wäre vermutlich Ihr Held, ein wundervoller Wächter und Beschützer des Hauses. Andererseits: Wenn ein Freund Sie unerwartet besucht, an der Tür klingelt und Ihr Hund darauf mit lautem Gebell reagiert, ärgern Sie sich vermutlich über ihn, obwohl er sich doch im Grunde nicht anders verhält als im Fall des Einbrechers. Er weiß es aber nicht besser! Und wenn nicht gerade gute Bekannte vor der Tür stehen, die er ohnehin mag, bellt er eben, um lautstark zu verkünden, daß sein (und Ihr) Territorium bedroht ist. Auch daß Ihr Freund objektiv keine Bedrohung ist , ändert nichts. Bellen ist seine Art, Ihnen mitzuteilen, daß sich ein Eindringling auf Ihrem Grund und Boden befindet -–ob Freund oder Feind. Dieses Bellen ist Folge seines natürlichen Schutzinstinktes und sollte keinesfalls unterdrückt werden.

Achten Sie drauf!
Aggressive, bissige Hunde - gleich welcher Größe - sind ein ernstes Problem. Geben Sie einen bissigen Hund NIEMALS in unerfahrene andere Hände ab! Dieser Hund wird sich in seiner neuen Umgebung in der Regel noch aggressiver gebärden, da er seine Stellung im Rudel neu „erkämpfen" muß.

Wußten Sie schon, daß...
Sie niemals davonlaufen dürfen, wenn sich Ihnen ein Hund bedrohlich knurrend nähert? Bleiben Sie einfach so ruhig wie möglich stehen und vermeiden Sie jeden Augenkontakt mit dem Hund. Wenn Sie etwas zur Hand haben, so werfen Sie es so weit wie möglich zur Seite weg, um ihn von einem möglichen Angriff abzulenken!

Permanentes Bellen um des Bellens willen ist allerdings ein Problem, dessen Lösung frühzeitig in Angriff genommen werden muß. Mit der Zeit haben Sie Ihren jungen Yorkie so gut kennengelernt, daß Sie genau einschätzen können, ob er aus gutem Grund bellt oder nicht. Sie sind sicher in der Lage, die verschiedenen Arten seines Bellens genau zu unterscheiden. Beispielsweise ist sein Gebell, wenn jemand an die Tür kommt, völlig anders als das Freudengebell, wenn er Sie sieht. Das ist nicht anders als bei der menschlichen Stimme, wobei der Hund sich eben ausschließlich durch seinen Tonfall artikuliert, da er keine Worte gebrauchen kann. Einen Dauerkläffer wird man jedenfalls schon in frühem Alter erkennen.
Machen Sie übrigens nicht den Fehler, Ihren Hund unbedacht zum Dauerbellen zu ermutigen! Wenn er beispielsweise mehrere Minuten ununterbrochen bellt und Sie ihm (in bester Absicht) ein Leckerchen geben, damit er ruhig ist, glaubt er natürlich, daß Sie ihn für sein Bellen belohnen! Er wird sein Gekläff mit dem Leckerbissen assoziieren und es immer wieder neu beginnen, damit Sie ihn belohnen ...

Futterdiebstahl

Sucht Ihr Hund nach Möglichkeiten, wie er in Ihrer Küche Lebensmittel stehlen kann? Wenn ja, müssen Sie sich zunächst einige Fragen stellen. Hat Ihr Yorkie ganz einfach Hunger, oder ist er, wie alle verfressenen Hunde, „ständig ausgehungert"? Und: Warum lassen Sie Ihr Essen auf dem Küchentisch stehen? Sehen Sie den Tatsachen ins Auge: Manche Hunde sind einfach futterversessener als andere und haben nichts anderes im Sinn, als sich eine Mahlzeit nach ihrem Geschmack zu organisieren (und eine Scheibe Rinderbrust mit Sauce finden sie allemal besser als das tägliche Fertigfutter!). Zudem ist Futter-Diebstahl ein herrlicher Spaß, an dessen Ende eine tolle Belohnung wartet: Futter, ganz besonderes Futter!
Das Ziel des Besitzers eines solchen Hundes muß deshalb sein, dem Hund diese vermeintliche Belohnung weniger erstrebenswert zu machen, möglichst sogar abschreckend. Ein Tip: Stellen Sie zu diesem Zweck eine alte Limonadendose, gefüllt mit Münzen, so auf den Tisch, daß sie herunterfallen muß, wenn sich der Dieb unbeobachtet glaubt und sich dem Objekt seiner Begierde von dem Stuhl aus, auf den er natürlich problemlos springen konnte, nähert. Dieser höllische Krach jagt ihm einen gehörigen Schrecken ein, und er hat im günstigsten Fall jetzt schon die Nase voll von Aktivitäten dieser Art. Es gibt aber auch noch andere Tricks, mit denen Sie Ihren Hund überraschen können, wenn er Lust auf eine Zwischenmahlzeit hat. Solche „ferngesteuerten" Abschreckungsmethoden werden zwar nicht von allen Verhal-

tensexperten empfohlen, da in diesen Fällen die Verhaltenssteuerung nicht vom Hundebesitzer, sondern vom Objekt der Begierde selbst ausgeht. Solche Tricks haben sich jedoch als äußerst effektiv erwiesen, auch wenn einem Hund das Benagen von Mobiliar abgewöhnt werden soll.

Betteln

Für Welpen ist das Betteln eine fast ebenso selbstverständliche Lieblingsbeschäftigung wie der Futter-Klau. Und mit dem gleichen tollen Resultat: Futter! Hunde lernen sehr schnell, daß ihre Menschen das „beste Futter" für sich behalten, und daß sie sich interessanterweise auch nicht ausschließlich von Pellets ernähren. Das Betteln wird durch das Zusammentreffen bestimmter Bedingungen, wie beispielsweise einem besonderen Anreiz zu einer bestimmten Zeit an einem bestimmten Ort, ausgelöst. Küchengeräusche wie das Öffnen von Dosen und Flaschen, das Knistern von Tüten und der verlockende Duft des auf dem Herd brutzelnden Bratens wecken den Vielfraß in Ihrem Hund, und schon strecken sich die Pfoten bettelnd in die Luft!

Hier müssen Sie ansetzen, um ihm diese Unart abzugewöhnen. Geben Sie seinen Betteleien niemals nach! Durch Ihr Nachgeben würden Sie ihn faktisch für sein Männchenmachen, sein Hochspringen, sein Fiepen und sein Nasestupsen belohnen _ und zwar mit der besten aller Belohnungen.: Essen. Indem sie sein Betteln konsequent ignorieren, werden Sie diese Unart letztendlich zum Verschwinden bringen, bis dahin kann sie aber zunächst durchaus schlimmer werden – so leicht gibt auch ein Yorkie nicht auf. Es wäre zudem schlecht, wenn ein Mitglied Ihrer Familie besonders weichherzig wäre und Ihrer armen, kleinen Nervensäge nicht widerstehen kann, wenn sie weint: „Ich will noch mehr!".

Trennungsangst

Wenn Ihr Yorkshire Terrier allein bleiben muß, drückt er vielleicht sein Mißvergnügen durch Heulen, Fiepen oder andere Lautäußerungen aus. Dies ist – besonders bei jungen Hunden – eine ganz normale Form von Trennungsangst; Sie können ihm aber helfen, diese Angst zu überwinden. Er muß ganz einfach lernen, daß es ihm auch während Ihrer Abwesenheit gut geht , und daß er keineswegs eingeht, wenn er nicht jede Minute des Tages im Mittelpunkt Ihres Interesses steht. Tatsächlich ist zuviel Aufmerksamkeit von Seiten der Besitzer der Hauptgrund für das Entstehen von Trennungsängsten. Wenn Sie Ihren Hund den ganzen Tag lang ununterbrochen verhätscheln und knuddeln, ist es kein Wun-

Lassen Sie Ihren Yorkshire Terrier nicht regelmäßig stundenlang allein – Verhaltensstörungen und Gesundheitsprobleme könnten die Folge sein!

der, wenn er dies stetig von Ihnen erwartet, und es wird für ihn noch traumatischer, wenn Sie einmal nicht da sind. Ganz offensichtlich genießen Sie es, Ihre Zeit mit ihm zu verbringen, und er blüht unter Ihrer Liebe und Zuwendung gleichsam auf. Aber Vorsicht: Dies darf keinesfalls zu so starker Abhängigkeit führen, daß sein Herz bricht, wenn Sie ihn allein lassen müssen!

Die beste Art, Trennungsängste zu minimieren, ist, so leise und unauffällig wie möglich wegzugehen und ebenso wiederzukommen. Verabschieden Sie sich nicht lang und breit von Ihrem Hund, und überschütten Sie ihn auch nicht mit Umarmungen und Küssen, wenn Sie zurückkehren. Dies würde nur seinem

Ein Yorkie als vierbeinige Brautjungfer ...

Streben nach Ihrer Aufmerksamkeit entgegenkommen, und er wird diese noch mehr vermissen, wenn Sie weg sind. Oder Sie geben ihm ein Leckerchen, wenn Sie weggehen. Dies wird ihn für eine Weile beschäftigen und von der Tatsache ablenken, daß Sie ihn soeben verlassen haben. Außerdem lernt er so vielleicht, daß Ihr Weggehen mit einer angenehmen Erfahrung für ihn verbunden ist.

In der Regel müssen Sie Ihren Hund in kleinen, nach und nach größer werdenden Intervallen an das Alleinsein gewöhnen, vergleichbar mit seiner Gewöhnung an die Box. Natürlich wird Ihr Herz Ihnen sagen, daß Sie sich sofort um Ihren Liebling kümmern müssen, wenn er zu fiepen beginnt, sobald Sie sich der Tür zu seinem Zimmer auch nur nähern. Widerstehen Sie diesem Verlangen! Wenn Sie ihn in kleinen Schritten an das Alleinsein gewöhnen, fühlt er sich zu guter Letzt auch allein richtig wohl. Seine anfängliche Angst resultiert nämlich daraus, daß ihm die Situation fremd ist – deshalb nimmt sie mit seiner Gewöhnung an das Alleingelassenwerden automatisch ab, und das Problem ist gelöst.

Natürlich dürfen Sie Ihren Hund nicht grundlos permanent sich selbst überlassen – er muß nur lernen, daß Sie, auch wenn er von Ihrer Fürsorge abhängig ist, nicht 24 Stunden täglich bei ihm sein können.

Sicherheitshalber sollte er sich allein nicht frei im ganzen Haus bewegen können; für alle Beteiligten ist es sicherer, wenn er in seiner Box oder an einem „hundesicheren" Platz ist, wo er ohnehin schläft. Hier fühlt er sich wohl; und übrigens ist dies eines der vielen Beispiele dafür, welchen unschätzbaren Wert es hat, wenn Ihr Hund an seine Box gewöhnt ist!

Koprophagie

Das Fressen von Kot ist für die meisten Menschen eine der am meisten abstoßenden Beschäftigungen, denen sich ein Hund hingeben kann, für den Hund jedoch ist sie völlig normal. Den meisten von uns ist es kaum verständlich, warum ein Hund seine eigenen Ausscheidungen auffressen will; er könnte bestimmte Nährstoffe brauchen, die in seinem Futter nicht enthalten sind, er könnte ganz einfach Hunger haben oder auch von einem (für ihn) besonders attraktiven Geruch angezogen werden. Meistens beschränkt sich die Koprophagie eines Hundes auf das Fressen des eigenen Hundes, gelegentlich macht er sich jedoch auch über die Hinterlassenschaft anderer Hunde her, wenn er sie findet. Einige Tierärzte glauben herausgefunden zu haben, daß ein Futter mit geringer Verdaulichkeit, einem niedrigen Anteil an Rohfaser und hohem Anteil Kohlehydrate das Kotfressen fördert. Folglich könnten Futtersorten mit hohem Rohfasergehalt die Neigung der Hunde zum Kotfressen verringern. Sowohl die Konsistenz des Kots (das heißt, wie fest er sich im Fang des Hundes anfühlt) und der Gehalt an unverdauten Nährstoffen erhöhen diese Neigung. Oft finden Hunde auch den Kot von Katzen oder Pferden schmackhafter als den anderer Hunde. Wenn der Hund einmal richtigen Durchfall von seiner Kotfresserei bekommen hat, wird er diese unappetitliche Unart wohl schnell aufgeben.

Um diese Unart bekämpfen zu können, sollten Sie sich zunächst vergewissern, ob das Futter Ihres Hundes in seinem Nährstoffgehalt ausgewogen und wirklich vollwertig ist, und daß er auch genügend Futter bekommt. Wenn eine Futterumstellung nicht hilft, und wenn er ansonsten kerngesund ist, müssen Sie das unerwünschte Verhalten durch die Kontrolle der Umgebung abstellen, bevor es zur Gewohnheit wird. Versuchen Sie es mit Tricks: Streuen Sie ungefährliche, aber scheußlich schmeckende Substanzen über den Kot und machen Sie ihn so ungenießbar, oder mischen Sie irgendetwas ins Futter, das einen unangenehmen Geschmack entwickelt, wenn es den Verdauungstrakt des Hundes passiert hat. Die sicherste Methode, das Kotfressen zu verhindern, ist allerdings die häufige

Auch manche Yorkshire Terrier machen eine Phase des Kotfressens durch, überwinden diese jedoch meist schnell.

Reinigung des Hundeauslaufs und des Gartens, wenn möglich, nach jedem Kotabsetzen. Was nicht mehr da ist, kann auch nicht gefressen werden!

Schimpfen Sie Ihren Hund nicht aus, wenn Sie ihn beim Kotfressen erwischen, das wird ihn kaum beeindrucken. Manche Verhaltenstrainer empfehlen, ihn dann sofort abzulenken. Eine Methode für Härtefälle ist, den Hund nur mit Maulkorb in den Garten zu lassen, wenn er sein Geschäft verrichten soll; diese Methode kann nach ein bis zwei Monaten Erfolg zeigen. Am häufigsten ist Koprophagie bei heranwachsenden Welpen zwischen 6 und 12 Monaten zu beobachten, und sie verschwindet meist von allein, wenn der Hund ausgewachsen ist.

Einen Yorkie zu halten und zu erziehen, lohnt sich für die ganze Familie.

INDEX

Bibliografische Information der Deutschen Nationalbibliothek
Die Deutsche Nationalbibliothek verzeichnet diese Publikation in der Deutschen Nationalbibliografie; detaillierte bibliografische Daten sind im Internet über http://dnb.d-nb.de abrufbar.

Eugen Ulmer KG
Wollgrasweg 41, 70599 Stuttgart (Hohenheim)
5. Auflage

Internet: www.ulmer.de
Fachliche Betreuung: Elke Peper
Umschlag: Sojus, Kai Twelbeck, Stuttgart
Titelfoto: Juniors Bildarchiv
Druck und Bindung: Samhwa Printing Co. LTD.
Seoul
Printed in Korea

ISBN 978-3-8001-6914-6

Mein Yorkshire Terrier

Kleben Sie das Fotos Ihres Welpen hierher

Name des Hundes ______________________________

Datum ______________ **Fotograf** ______________________________